老年宜居环境构建

李 慧 郑鸿飞 等 著

中国建筑工业出版社

图书在版编目（CIP）数据

老年宜居环境构建 / 李慧，郑鸿飞等著 . —北京：中国建筑工业出版社，2019.9

ISBN 978-7-112-24170-5

Ⅰ.①老…　Ⅱ.①李…　②郑…　Ⅲ.①老年人—居住环境—研究—中国　Ⅳ.①D669.6 ②X21

中国版本图书馆 CIP 数据核字（2019）第 202290 号

本书依托中国建筑科学研究院的科研背景及中国建筑技术集团有限公司对大量小城镇规划的研究基础，通过多次养老考察交流、多项课题研究及多个养老规划设计以及政策标准研究和文献研究，从中国人口老龄化社会背景及城镇实际发展需求出发，结合现有我国城乡规划、标准现状，对老年宜居环境构建进行了创新性的探索。希望对今后老年宜居城镇、老年宜居社区以及适老建筑、适老居住空间的构建具有一定的实际参照作用，最终能够促进我国老年宜居环境建设的发展。本书适用于政府部门、养老事业相关单位、城市规划、建筑学、养老房地产策划等相关人员阅读。

责任编辑：唐　旭　李东禧　张　华
责任校对：芦欣甜

老年宜居环境构建
李　慧　郑鸿飞　等　著
*
中国建筑工业出版社出版、发行（北京海淀三里河路9号）
各地新华书店、建筑书店经销
北京点击世代文化传媒有限公司制版
北京富诚彩色印刷有限公司印刷
*
开本：787×1092毫米　1/16　印张：11¾　字数：205千字
2019 年 11 月第一版　2019 年 11 月第一次印刷
定价：108.00元
ISBN 978-7-112-24170-5
（34662）

序

人口整体长寿是人类社会进步的标志。进入 21 世纪以来，我国人口寿命延长，老年人口不断增加，老龄化程度持续加深，预计到 2050 年时，我国社会将全面进入重度老龄化阶段。面对紧迫的人口老龄化发展形势，党和国家十分重视老龄事业的发展，习近平总书记指出："我国已经进入老龄化社会，让老年人老有所养、老有所依、老有所乐、老有所安，关系社会和谐稳定。我们要在全社会大力提倡尊敬老人、关爱老人、赡养老人，大力发展老龄事业，让所有老年人都能有一个幸福美满的晚年。"

加强老年宜居环境建设，提高老年人生活质量，是实现老有所安，增强老年人获得感、幸福感、安全感的重要保障。我国的快速城镇化和快速老龄化几乎同步，这是世界上独有的，遇到的错综复杂难题也是世界独有的。把城镇化和老龄化统筹起来研究，是一项新的重大课题。李慧同志和她的研究团队长期从事老年宜居环境建设研究，注重统筹思考综合施策。先后完成国家发改委、住房和城乡建设部的相关研究课题，长期跟踪开展老年宜居环境建设应用研究，积极开展老年宜居环境建设示范，在完成的规划与设计中积累了大量的一手实践经验。初步建立了具有自己特色的城镇—社区—建筑的老年宜居环境构建体系，提出了老年宜居环境体系内涵和建设路径。

早在 2017 年 6 月，李慧同志就撰写了《互助型老年宜居城镇规划研究》。近两年以来，她研究视野不断拓展、研究视角不断深入、研究内容不断丰富，研究成果渐成体系。本书也是对她近两年研究成果的回望和总结。李慧同志还兼任中国老年学会和老年医学学会适老建设分会副主任委员、总干事，她求真务实、勤勉敬业的工作作风给我留下了深刻印象。

作为一本老龄领域的图书，希望本书能让大家更加关注人口老龄化国情，更加重视老年人的环境问题。作为一本建筑科学领域的图书，希望本书能为老年宜居城镇、老年宜居社区建设，以及适老建筑和适老居住空间的构建起到参照和推动作用，更好地促进我国老年宜居环境建设的发展。是为序。

前　言

我国自 1999 年中国进入老龄化社会，预计到 2050 年，我国社会将全面进入深重度老龄化社会阶段。面对紧迫的人口老龄化发展形势，我国已将老年宜居环境建设上升到国家安全战略层面。2016 年 10 月 11 日国家发布了由全国老龄办、国家发改委等 25 个部委共同制定的《关于推进老年宜居环境建设的指导意见》。为我国积极有效应对人口老龄化，为构建老年宜居体系奠定了战略和政策基础。

当下，人口老龄化逐渐成为日益突出的主要问题，与之相伴的则是居住环境品质的提升和人口死亡率的减少——这种现象在回顾过往的人类历史之中我们无例可循。老龄化问题突出的未来，城市如何接纳这个快速增长的人口类型？当步入暮年时，如何去界定老年人身处于城市中的位置？什么样的生活环境是大家所期望的宜居环境？

因此，本书希望能够在针对老年宜居环境建设现行标准不协调、理论研究尚缺乏战略性思考、城乡适老环境尚未有机形成的情况下。在大量实地调研和理论研究的总结基础之上，从“存量”、“增量”两个方向、“城镇—社区—建筑”三个层面开展研究，提出城乡全覆盖的老年宜居环境体系。

本书的老年宜居环境构建体系分为空间体系、支撑体系和指标体系三部分：空间体系是老年宜居环境构建的核心内容，包括公共开放空间、交通出行空间、居住空间、养老服务设施空间四个部分；支撑体系是老年宜居环境构建的重要基础，从生态本底保护、适老产业培育、智慧服务、投资开发运营、敬老文化氛围营造五个方面展开；指标体系是老年宜居环境空间建设的技术支撑，结合“城镇—社区—建筑”三个研究层次展开，包括老年宜居城镇规划指标体系、老年宜居社区规划指标体系、相关建筑设计指标体系三个方面的内容。

第 1 章“老年宜居环境构建导论”，主要介绍了老年宜居环境的重要性和老年宜居环境研究现状以及构建老年宜居环境目标与框架。使读者初步了解老年宜居环境概念、构建意义；了解老年宜居环境的研究现状；向读者明确本书老年宜居环境建设的研究目标和体系框架。

第 2 章“构建老年宜居城镇”，针对我国城镇老龄化问题现状、结合推动大城镇周边小城镇转型发展需求、新型城镇化发展的必然趋势、城乡统筹发展的客观要求出发，从生态本底、交通出行空间、养老服务设施空间、公共开放空间、居住空间、适老产业、智慧城镇、投资开发、敬老文化几个实施路径对老年宜居环境构建体系构建进行深入阐述。最后，总结归纳出老年宜居城镇指标体系。

第 3 章“构建老年宜居社区”，在对接我国老年社区发展现状、现有老年宜居社区理论的基础上，从构建以适老、互助、宜居为目标的老年宜居社区的角度出发，在整体布局、社区道路、社区服务设施、公共开放空间、社区治理几个方面进行深入阐述。此外，针对我国老旧小区的现状，提出老旧小区适老化改造的相应策略，并结合国内外社区案例进行相应阐述。最后，总结归纳出老年宜居社区指标体系。

第 4 章“构建老年宜居建筑空间”，主要从老年人的生理和心理等方面入手，探讨适合老年人的宜居建筑空间，并以此为基础对建筑空间设计以及部分居家养老服务提出要求，目的在于从建筑的角度来寻找一种真正适合老人的、可行的方式，来完善老年人的养老需求。最后，总结归纳出建筑技术经济指标体系。

第 5 章“从山水到客厅——北京穆家峪老年宜居环境构建的探索”，本章结合“穆家峪老年宜居城镇”空间概念规划的实际案例，针对人口老龄化、城市生态环境恶化的社会问题，以社会成员平等享有社会公共资源为出发点，阐述生态文明理念下的城镇建设思路，深入阐述城镇生态互助空间系统构建，分享突破与创新的项目成果。从生态适老宜居城镇——生态适老宜居社区——生态适老宜居建筑——垂直庭院——阳光花室，让“山水”一步一步走进老年人的生活，把生机带到每个人心里。自然生态使得我们的城市变得更加宜居、更加有活力。

本书的编写是从中国人口老龄化社会背景及城镇实际发展需求出发，结合现有我国城乡规划与建设标准现状，对老年宜居环境构建进行创新性的探索。以期本书能对今后老年宜居城镇、老年宜居社区、老年建筑空间的打造，对适老环境相关设计与建设具有一定的参照作用。最终，促进我国老年宜居环境建设的发展。

随着机构改革与政策的不断更新以及我们编写人员自身认知的不断变化，本书在编写过程中，前后经历了三次大的改动和无数次细节打磨。一年多来，本书的撰写得到了刘佳福先生和杨凌聆女士的殷切指导和帮助，深表诚挚感谢。本书由李慧、郑鸿飞等著。郭宪美参加了第一章的撰写工作；付兴利参加了第二章、第三章的撰写工作；王敬毅参加了第四章的撰写工作。全书最后由郑鸿飞负责统稿。

随着时间的推移，本书从研究的角度提出的概念、表述等，还有诸多不够严谨，乃至错误之处，有待在我们以后的实践和进一步研究过程中加以完善和改正，望读者和同仁不吝指正，我们还将会继续孜孜不倦地延续我们的探索，准备在不远的将来，继续推出下一部书籍深入阐述后续的研究观点，并欢迎交流，联系方式：otttto@vip.sina.com。

目　录

第1章

老年宜居环境构建导论

1.1 老年宜居环境构建的重要性

从 1999 年起，我国正式进入老龄化社会。未富先老、老龄化发展速度快、老年人口规模大、高龄化趋势明显、老龄化城乡水平倒置、地区间差异大、失能老人多、空巢化现象严重等现象是我国老龄化的特征。到 2050 年，我国社会将全面进入重度老龄化社会阶段。面对紧迫的人口老龄化发展形势，我国已将老年宜居环境建设上升到国家安全战略和基本国策层面。老年宜居环境建设作为积极应对人口老龄化问题的重要手段，其研究刻不容缓。

1.1.1 老年宜居环境的概念

2006 年，世界卫生组织提出建设“老年友好型城市”的理念，并于 2007 年的国际老年人日发布了《全球老年友好城市建设指南》。2009 年起，我国老龄办在国内部分城市或城区开展了“老年友好城市”、“老年宜居社区”试点工作。2011 年，在全国范围内全面铺开老年友好型城市和老年宜居社区建设工作①。2016 年，在《关于推进老年宜居环境建设的指导意见》②中正式提出老年宜居环境的概念，从适老居住环境、适老出行环境、适老健康支持环境、适老生活服务环境、敬老社会文化环境五个方面提出 17 项任务，积极开展老年宜居环境建设示范工作。2017 年 3 月，《“十三五”国家老龄事业发展和养老体系建设规划》③进一步明确了开展“老年友好型城市”和“老年宜居社区”建设示范行动，要求到 2020 年大部分老年人的基本公共服务需求能够在社区得到满足。相关政策的出台，有力地推动了老年宜居环境建设。

老年宜居环境是指适应包括老年人在内的各年龄人群，围绕居住和生活空间的各种环境的总和。狭义的老年宜居环境是指居住实体环境，广义的老年宜居环境则是指社会、经济和文化等方面的综合环境。老年宜居环境是一个功能性概念，其建设目标是优化老年人的健康条件、参与机会和安全保障，提升老年人生活质量。从建设内容来看，老年宜居环境建设包括空间建设与社会建设两个层面。本书侧重空间环境建设。需要强调的是，老年宜居环境建设应立足于以生命周期为基础的视角，其不仅应适合于老年群体，也应适合于其他年龄群体，以实现不同世代的和谐共享[1]。

---

① 伍小兰，曲嘉瑶 . 中国老年宜居环境建设现状、问题与对策研究 [J]. 老龄科学研究，2016，4（08）:3-12.

② 全国老龄工作委员会办公室 . 关于推进老年宜居环境建设的指导意见 [Z]. 全国老龄办发 [2016]73 号，2016.

③ 国务院 . “十三五”国家老龄事业发展和养老体系建设规划 [Z]. 国务院发 [2017]13 号，2017.

1.1.2 老年宜居环境构建意义

2016 年，在《关于推进老年宜居环境建设的指导意见》[2] 中明确指出，近年来，各地区、各有关部门在推动老年宜居环境建设，改善老年人居住、生活和社会文化环境等方面进行了积极的探索，取得了显著的成效，但在老年人居住、出行、就医、养老以及社会参与等方面依然存在着不适老、不宜居的问题。随着我国人口老龄化的快速发展和新型城镇化进程的不断加快，公共基础设施与老龄社会要求之间互不适应的矛盾将日益凸显。推进老年宜居环境有利于增进老年民生福祉，有利于促进经济发展、增进社会和谐，有利于有效应对人口老龄化的挑战，也是扩大内需、拉动消费、促进经济增长的重要措施，对推动老龄事业全面协调可持续发展具有重要意义。

1.2 老年宜居环境研究现状

1.2.1 相关背景

1.2.1.1 全球老龄化和城市化现状

人口老龄化主要是指总人口中老龄人口所占比重相对于年轻人口所占比重而言，呈持续增长的趋势。简单来说，就是指老龄人口比重日益上升的过程。

国际上把 60 岁以上的人口占总人口比例达到 10% 或 65 岁以上人口占总人口的比重达到 7%，作为国家或地区进入老龄化社会的标准。

在过去的半个世纪里，发展中国家老龄化的速度比发达国家还要快。2005 年，发展中国家老年人人口占全球老年人口的 60%，随着时间的推移，这一数字将要提高到超过 80%①。

城市化一般指人口向城市地区集聚的过程和乡村地区转变为城市地区的过程。未来几十年，选择在城市生活的人口数量还将继续上升，特别是在人口少于 500 万的城市。同样，在发展中国家，这种增长会更快。预计到 2050 年，将有近三分之二的人生活在城市地区②。

快速的老龄化和城市化促使更多的老年人选择生活在城市里。在发达国

① 2017 年世界人口老龄化趋势分析 . 中国产业信息网 . [DB/OL].http://www.chyxx.com/industry/201709/567710.html，2017-09-26.

② 联合国经济和社会事务部人口司 . 人口增长和老龄化及城市化对人类发展构成挑战 [DB/OL].www.un.org/development/desa/zh/news/population/25th-anniversary-of-the-international-conference-on-population-and-development.html，2019-07-17.

家居住在城市中的老年人与年轻人比例是 1 : 5 左右，在未来还将会有所上升。然而，在发展中国家，城市老年人口的数量将从 1998 年的 5600 万左右增加到 2050 年的 9 亿 600 万以上。到那时，老年人将占发展中国家城市总人口的四分之一①。

1.2.1.2　中国老龄化和城镇化特点

（1）中国人口老龄化特点

我国自 1999 年进入老龄社会，老年人口数量不断增加，老龄化程度持续加深。1982 年老龄化水平为 7.63%，2000 年达到了 10.46%，2008 年升至 12.04%②。2018 年中国 60 岁及以上的老年人达 2.5 亿人，占总人口的 17.9%③。以 65 岁以上老年人口来看，预计 2030 年将达到 2.8 亿人，占比为 20.2%；2055 年将达到峰值，4 亿人，占比 27.2%。其中，2040 年以前是人口老龄化最快的时期，占比平均每年上升 0.5 个百分点④。

我国的人口老龄化有其自身的发展特点：老龄人口基数大、高龄化趋势明显、老龄化发展速度快。

我国是世界上老年人口最多的国家，占世界总人口的 1/5。相关研究显示，我国需要特殊照顾的 80 岁及以上的高龄老年人口增速是老龄化速度的 2 倍，高龄化趋势十分明显。发达国家城市的人口老龄化水平一般高于农村，我国则相反，呈现老龄化水平城乡倒置的状况，且地区间差异较大。伴随着人口老龄化和高龄化进程的加速，我国老年人口的健康问题日益凸显，失能老人规模巨大。根据《中国老龄事业发展报告（2013）》⑤显示，我国失能老年人口逐渐增加，2012 年达到 3600 万人，2013 年进一步增长到 3750 万人，2013 年我国“空巢老人”已达 1 亿人以上，老人生活“空巢”化问题严重。

我国人口老龄化将进一步加速发展，高龄化问题日益突出。未来一定时期内，受平均预期寿命延长、持续低生育水平、快速城镇化以及三次生育高峰等因素的影响，我国人口老龄化将进一步加速发展。到 21 世纪后半叶，我国人口老龄化会一直维持在较高水平，将成为世界上人口老龄化最严重的国家之一。若按照联合国低方案的预测，我国人口老龄化速度将更快，到 21 世纪后半叶，

---

① 徐晓明 . 苏州市老年人健康状况及养老模式研究 [D]. 苏州大学，2010.

② 原新，刘士杰 . 1982—2007 年我国人口老龄化原因的人口学因素分解 [J]. 学海，2009(4).

③ 国家统计局 .2018 年国民经济和社会发展统计公报 . [DB/OL].http://www.stats.gov.cn/tjsj/zxfb/201902/t20190228_1651265.html，2019-02-28.

④ 董克用，姚余栋，孙博 . 中国养老金融发展报告 (2016) [M]. 北京：社会科学文献出版社，2016.

⑤ 吴玉韶，党俊武 . 中国老龄事业发展报告（2013）[M]. 北京：社会科学文献出版社，2013.

人口老龄化水平将保持在 35% 以上的高水平。根据《联合国人口展望》① 预测表明，21 世纪内我国老年人口将在 2055 ~ 2060 年达到峰值，60 岁以上的老年人口 4.88 亿人，65 岁及以上的老年人口到达 3.98 亿人，当前至 21 世纪 60 年代将是老龄化最快的阶段。

21 世纪内我国老年人口规模先增后降，老年人口比重不断上升，按 60 岁及以上来看，2020 年老年人口规模为 2.5 亿，占比 17.4%。2026 年左右超过 3 亿，2035 年超过 4 亿，2055 年到达峰值 4.88 亿，占比 35.6%。随后老年人口缓慢下降，2100 年仍在 4 亿以上，占比为 37.8%。按 65 岁及以上来看，2020 年为 1.72 亿；2035 年超过 3 亿；2050 年为 3.66 亿；2060 年到达峰值 3.98 亿，占比 29.83%；随后老年人口缓慢下降，2100 年为 3.39 亿，占比 31.8%。

《世界人口展望》关于中国 2020 ~ 2050 年老年人口预测　　表 1–1

年份	2020	2025	2030	2035	2040	2045	2050	2055
60+ 老年人口（亿人）	2.50	2.89	3.46	4.00	4.03	4.18	4.54	4.88

（表格来源：联合国经济和社会事务部人口司．世界人口展望 [R]，2019.）

（2）中国城镇化进程特点

改革开放以后，我国经济的快速发展促进了城镇化的快速发展，我国城镇化水平也得到快速提高。从 1978 年到 1998 年，先后经历了恢复性城建、小城镇建设、开发区建设等几个阶段。伴随着改革开放的纵深发展，城市建设的快速增长也开始从沿海转到了内地。随着北京、上海、广州等几个超大城市的兴起，人口迅速向其聚集，为了方便人口的迁徙，铁路、高速公路、机场、港口等基础交通便利地区成为城市建设的重点地区。随着城市人均收入的提高，一些大型的商场、商务中心等大型消费商务场所逐渐兴起并且成为城市中心的象征与标志。但是，随着城市化的快速发展，随之而来的环境污染、交通拥挤、住房紧张、心理压力等“城市问题”也由此滋生。

我国城镇化突出的几个特点归纳如下：过度依赖投资与土地扩张，从而造成区域内发展差距持续扩大，资源过度向大城市集聚，城乡发展不平衡；资源能源过度消耗，生态环境持续恶化；基础设施建设滞后，制约居民生活水平提高。到 2033 年中国人口达到峰值时，未来城镇人口增长速度将明显放缓。在空间上，城镇化的重点将从沿海地区转向中西部地区，从长距离迁移转向本区域和省内

① 联合国经济和社会事务部人口司．世界人口展望 :2019 年修订版 [R]，2019.

的流动；在层级上，城镇人口同时向特大城市和县级单元两端聚集①。

1.2.1.3　我国社会化养老服务体系现状

中华人民共和国成立以来，社会养老服务体系的发展历程可以概括为三个阶段：

第一阶段是社会养老服务的孕育阶段（1949 ~ 1978 年）。其主要特点是家庭主导的老年人照护，有限的社会养老服务资源只能满足为一部分孤寡老人提供救济型的养老服务。

第二阶段是我国社会养老服务体系的探索阶段（1978 ~ 1999 年）。改革开放后至 2000 年，是我国养老服务体系社会化进程的起步阶段，具体表现为机构养老服务和社区养老服务的快速发展。但家庭仍然是重要的养老服务主体。

第三阶段是我国社会养老服务体系的形成阶段（2000 年至今）。在这一阶段，随着老龄人口的急剧增长，社会养老服务越来越受到国家的重视。随着社会保障普及率及社会结构现代化步伐的加快，我国人民公共服务的享有不断取得新的进步，我国养老保障制度从补缺型迈入适度普惠型的新阶段②。

我国社会养老服务体系是由养老服务主体、服务对象、服务内容、服务方式等要素组成的互相协作、责任共担的整体，是以满足老年人的养老服务需求为目标，以“政府主导、政策扶持、社会参与、市场推动”为指导思想，与人口老龄化进程相适应，与经济社会发展水平相协调的社会化服务体系。社会养老服务体系面向不同服务需求的老年群体，为其提供经济援助、生活照料、医疗保健和精神慰藉等方面的服务。由于服务主体的不同，基本养老服务，通过政府提供；非营利性养老服务，通过社会组织提供；营利性养老服务，通过市场提供，服务方式主要分为居家养老、社区养老和机构养老。（图 1–1）

2011 年《社会养老服务体系建设规划（2011–2015 年）》③指出社会养老服务体系是与经济社会发展水平相适应，以满足老年人养老服务需求、提升老年人生活质量为目标，面向所有老年人，为其提供生活照料、康复护理、精神慰藉、紧急救援和社会参与等设施、组织、人才和技术要素形成的网络，以及配套的服务标准、运行机制和监管制度。我国的社会养老服务体系主要由居家养老、社区养老和机构养老三个有机部分组成，其具体建设应以居家为基础、社区为依托、机构为支撑。

---

① 李晓江，尹强，张娟，张永波，桂萍，张峰 .《中国城镇化道路、模式与政策》研究报告综述 [J]. 城市规划学刊，2014（02）：1–14.

② 张洋 . 我国社会养老服务体系完善研究 [D]. 东北师范大学，2016.

③ 国务院办公厅 . 社会养老服务体系建设规划（2011–2015 年）[Z]. 国务院办公厅 . 国办发〔2011〕60 号 .

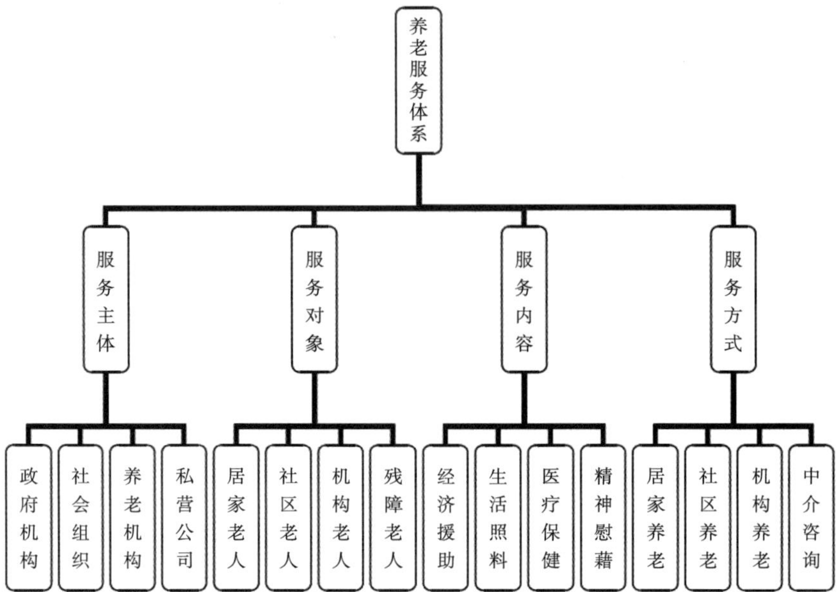

图 1–1　我国现行养老服务体系结构图（文献来源：张洋．我国社会养老服务体系完善研究 [D]. 东北师范大学，2016.）

我国社会养老服务体系发展的不平衡性体现在三个方面。第一，社会养老服务的供给在城乡间还存在较大差异。这与我国城乡二元分割的历史问题相关，目前我国还难以实现城乡公共服务的均等化发展。资料显示，从我国养老服务机构的数量和分布上看，明显存在东部多于西部、城市多于农村的特点。我国有 76% 的民办养老机构位于城市。同时，仅有 24% 的民办养老机构位于农村。第二，我国对大中型养老服务机构的支持政策较多，而在社区养老服务领域投入严重不足。2030 ~ 2050 年，我国人口总抚养比和老年人口抚养比将保持在 60% ~ 70% 和 40% ~ 50%，达到人口老龄化最严峻时期，“421”家庭养老负担加重。随着时间的推移，传统的“421”家庭会渐渐负担不起日益加重的养老需求，所以亟需社区的承接与分担。依托老年人熟悉的社区提供持续性、综合性的养老服务更符合老年人的身心需要。但是，目前我国社区养老服务的发展情况并不乐观。很多社区养老服务设施功能不完善或设计不合理，常年闲置，并没有发挥相应的作用。第三，“物质养老受重视，精神养老难实施”的现象普遍存在。政府购买养老服务中精神慰藉服务不足，缺少具体实施细则与规范，老年大学出现“一座难求”的局面，老年文体活动设施有待增加。强化我国社会养老服务体系精神赡养方面的功能已经成为体系创新的一个具有现实意义的命题。养老服务在满足老年人对“养”、“医”、“护”需求的同时，更要满足老年人与日俱增的“乐”的需求。

1.2.1.4 挑战与转型

在未来数十年内，随着老龄化程度加深，我国的人口年龄结构将会发生较大变化，会直接影响到我国城镇化的进程和发展。经济快速发展中一个重要推力——“人口红利”随着人口年龄结构的变化会逐渐减少。在人口老龄化快速发展的过程中，老年人已经逐渐成为城市的重要群体。我国城镇化发展长期偏重于发展效率，对人口老龄化的变化应对不够充分。人口老龄化的问题将会成为未来我国城镇化进程中面临的重大挑战。

为顺应我国人口老龄化形势新变化和老龄事业发展新要求，2009 年，全国老龄办在我国东部沿海和东北老工业基地 7 个省份的 14 个城市和城区开展了“老年友好城市”、“老年宜居社区”的试点工作。2012 年，新修订的《中华人民共和国老年人权益保障法》专门增加了“宜居环境”章节，明确要求“国家采取措施，推进宜居环境建设，为老年人提供安全、便利和舒适的环境”。全国老龄办、发改委等 25 个部门联合签发《关于推进老年宜居环境建设的指导意见》[2]，成为我国制定的首个关于老年宜居环境建设的指导性文件，文件全面提出了“老年宜居环境建设”新理念。2019 年 3 月，国家发展改革委发布的《2019 年新型城镇化建设重点任务》① 提出紧紧围绕统筹推进“五位一体”总体布局和协调推进“四个全面”战略布局，其中重点强调统筹优化城市国土空间规划、产业布局和人口分布，提升城市可持续发展能力，建设宜业宜居、富有特色、充满活力的现代城市。一系列政策的出台说明我国目前把适应人口老龄化趋势、打造宜居环境、提升居民的幸福指数，作为未来城镇发展的主要方向。

1.2.2 相关概念

1.2.2.1 人居环境

两院院士吴良镛教授等学者，于1993年8月正式提出建立“人居环境科学”。2001 年 10 月出版的吴良镛院士的著作《人居环境科学导论》② 系统地介绍了人居环境科学兴起、发展与主要理论方法，标志着人居环境科学的理论方法体系正在形成。人居环境科学是以人类聚居，包括乡村、集镇、城市等为研究对象，着重探讨人与环境之间的相互关系的科学。学科的目的是了解、掌握人类聚居系统发展的客观规律，以便更好地建设符合人类理想的聚居环境。在本质上，人居环境科学是城乡规划、地理学、生态学等相关学科交叉综合与持续发展的

---

① 国家发展改革委 .2019 年新型城镇化建设重点任务 [Z]，2019.

② 吴良镛 . 人居环境科学导论 [M]. 北京：社会科学文献出版社，2001.

重要方向，在实践应用研究中发展与完善这一学科具有深远的意义。国家自然科学基金会先后资助了几次关于人居环境的学术会议，规划与建筑学、地理科学、生态学等领域从事人居环境研究的组织与活动逐步增多，人居环境科学的发展得到了重视。人居环境科学的迅速发展，总结国际城市规划设计的经验并汲取其教训，促进了传统城市规划设计系统的改善，以建设“宜人的住区”为核心，指明了我国城市规划设计科学发展的一个方向。2005 年国务院批准的《北京城市总体规划（2004 年—2020 年）》[①] 将宜居城市确立为发展目标之一，开启了我国城市宜居性规划的新时代[②]。

1.2.2.2　宜居城市

（1）关于宜居城市研究

1963 年世界人居环境学会成立，1976 年联合国在温哥华召开首次人类住区大会（Habitat），在内罗毕成立了“联合国人居中心”（UNCHS），开始了广泛的关于人居环境的建设与研究工作。1996 年 6 月第二届联合国人居大会在伊斯坦布尔召开，被称为全球城市峰会，会议对 20 世纪 90 年代一系列联合国大会进行了总结，形成《人居议程》，将人类栖息地改善当作联合国新时期的关键使命，从而达成一系列共同原则与目标，此后发表了一系列研究报告。2004 年英国经济学家智囊团（Economy Intelligence Unit，EIU）对全球城市“宜居性”进行了排名工作，选取五大类、四十余项因子作为城市宜居性评价的指标。2005 年，美国 MONEY 杂志基于对市民的调查，开始了每年一次的全美宜居城市评选。

（2）目前国内研究中关于宜居城市的定义

袁锐认为宜居城市就是经济、社会、文化、环境协调发展，人居环境良好，能够满足居民物质和精神生活需求，适宜人类工作、生活和居住的城市[③]。任致远把宜居城市的宜居理解为易居、逸居、康居、安居，其中易居是指人们在城市里能够住得下、住得起，城市能够为人们提供人人有其居的条件，并且使人们有可能获得生活居住权和享受到应有的生活居住条件。城市的生活居住空间资源和环境资源是全社会的，人人有份，不能嫌贫爱富和制造不平等权益，尤其是应当关注弱势群体，使其都能够在城市里“有其居”和能够享受应有的生活居住条件。逸居是指人们在城市里不仅“有其居”，而且应当

① 北京城市总体规划（2004–2020 年）[J]. 北京规划建设，2006(5):96–99.

② 高峰 . 宜居城市理论与实践研究 [D]. 兰州大学，2006.

③ 袁锐 . 试论宜居城市的判别标准 [J]. 经济科学，2005(04):126–128.

住得开、住得好，是安乐之居，即具有一定面积的适当生活居住空间和良好的生活居住环境条件，生活舒适、方便、安逸。能够有较好的生活居住质量。康居是指人们在城市里不仅住得好、住得舒适方便，还必须有充足的阳光、水和新鲜的空气，与自然不脱离，与历史文化不脱离，有益于人们的身心健康[①]。（图 1–2）

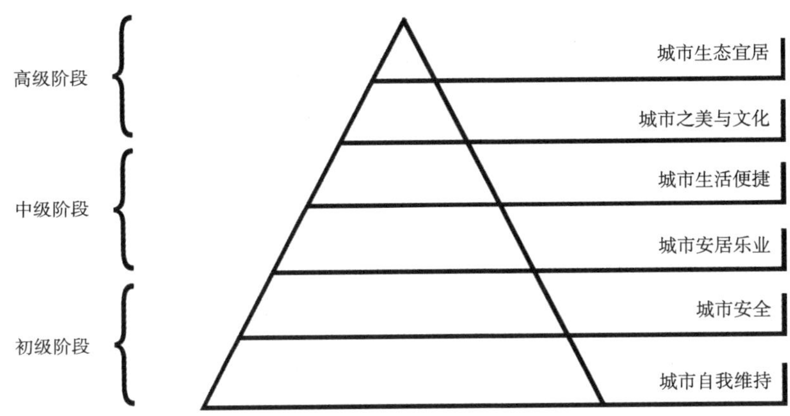

图 1–2　城市人的空间欲望层级顶端上升为宜居（资料来源：任致远.关于宜居城市的拙见 [J]. 城市发展研究，2005（04）：33–36.）

综上所述，宜居是指让人们生活居住在城市里，心旷神怡，人与自然和谐相处，有利于身体健康、精神健康和经济社会可持续健康发展。安居是指人们在城市里不仅住得好、住得健康，还必须住得安定和安全，长居久安。

要使城市成为人们安居乐业的所在，成为国泰民安、社会稳定、生活长久平安的地方，需要营造以下环境机制：一是社会安定、社会和谐、社会文明，使人们能够无忧无虑、自由自在地生活。二是城市的社会公共安全、卫生安全有保障，防灾、减灾、救灾设施齐全，城市具有抵御自然灾害的能力，并具有发生突发事件的应急措施。

1.2.2.3　老年友好城市

从 19 世纪末开始，欧美发达国家相继进入老年型国家行列，客观的历史进程使这些国家较早研究其所面临的社会老龄化问题，尤其在老龄化社会理论、人口结构的变化引起居住环境规划建设方面需要进行许多调整。构建老龄友好城市中应对社会老龄化的问题至今仍为研究的热点，相关国际组织与研究者发表、出版了大量报告和论著。2007 年世界卫生组织发表了《全球老年友好城市建设指南》，其整体规则和设计都围绕着健康、参与和安全，主要指标的确

① 任致远. 关于宜居城市的拙见 [J]. 城市发展研究，2005（04）:33–36.

立参考了老年人在城市生活中的户外空间、公共建筑、住房、社会参与、卫生和社区服务等 8 个领域的需求，用以指导各国城市规划者为老年型社会做好准备。其中提出三个全龄宜居城市构建的关键概念：

生产性老龄化：由美国医学家、国家老龄问题研究所第一任主任罗伯特·布特勒 Robert Butler 在 1983 年首次提出了“生产性老龄化”，来关注老年人的能力和他们对家庭、社区做出的宝贵贡献。“生产性老龄化”被用来界定为，“老年人参与有报酬的或者无报酬的商品生产及服务供给的活动”①。

积极老龄化：是指优化健康、参与性和安全性的过程，以提高人们的生活质量服务为目标，相关设施配置和组织等各个方面都要做到支持人们积极地去面对老龄化；认识老年人的各种能力和资源；预见和应对老龄化相关的需求和偏好；尊重他们的决定和生活方式的选择；保护那些最脆弱的人；促进他们融入和贡献社会生活的各个领域。

健康老龄化：健康养老可以分为三个方面，个人身体心理健康水平、内在能力和环境支持。重点在于减少环境的障碍，减少老年人受伤的可能性，减少歧视和不平等，增加包容性，增加可及性，增加可持续性。

1.2.2.4 老年宜居城镇

老年宜居城镇——老年宜居城镇是一个全新的概念，是在社会老龄化过程中对城镇发展方向的积极探索，其概念模型主要来源于“宜居城市”，并结合了老年友好城市的理念。为顺应城乡老龄化的发展，根据老年群体特殊的生理及心理需求，将“适老宜居”理念渗透到老年宜居城镇建设的各个环节，是基于宜居城市的适老化推进②。老年宜居城镇以良好的自然生态环境为前提，以老年人的行为尺度和行为特征为引导，以养老服务设施建设为基础，以老年宜居环境建设为目标，将“适老、互助、宜居”理念渗入城镇发展建设的各个环节，建设环境、生态、社会、经济、产业、人文统筹协调可持续发展的主题功能城镇。本书主要针对特大城市以及超大城市周边设立的老年宜居城镇建设进行研究探索。

1.2.2.5 全龄化社区

任何一个住宅小区都应该有一定比例的、适合老人的房屋设施，即所谓的适老化住宅或者老年公寓（指持有型的、面向健康老人的公寓）。同时，还应该配建养护中心或者其他老年服务机构。这种情况下，不管空巢、失能、失独

① 龚茜 . 生产性老龄化视角下探索城市社区养老模式 [J]. 科研 2016（8）：94.

② 党俊武，周燕珉 . 中国老年宜居环境发展报告 (2015)[M]. 北京：社会科学文献出版社，2016.

老人，都可以就近选择老年机构居住。既可满足不同年龄段的物业配置，又具备居家养老服务标准体系配套，是一种适合全龄居住、终生居住的社区。此外，全龄化社区不仅是开发养老住宅的最佳方式，也是开发商谋局转型，寻求长期经济增长点的理想模式。全龄化社区实际上还是以中青年为主，这样父母和子女的距离比较近，所谓“一碗汤的距离”①。

“全龄化”养老社区的特点主要包括以下四个方面的内容：选址方面，考虑到老年人对健康养生、外出活动的需求，对周边环境、交通条件有较高要求；服务人群及老年人生理阶段方面，“全龄化”养老社区的服务人群囊括从幼儿到介护老人的全年龄段人群，区别于城市普通社区无法满足介护老人的特殊需求，也区别于一般养老社区仅允许老年人入住的局限；居住类型方面，“全龄化”养老社区包含一般适合城市三口之家的住宅，及适合自理、介助、介护类型的适老住宅、养老公寓以及老年人照料设施；配套设施方面，相较普通城市社区，“全龄化”养老社区增加了老年人日常生活所需的配套设施，但并非如一般养老社区般全面铺开，而是对部分养老组团进行特殊设计。因此，可将“全龄化”养老社区视为普通城市社区与一般养老社区的融合和进化，是既照顾老人生理又顾及老人心理安慰的人性化养老社区模式。

1.2.2.6 合作居住社区

合作居住（Cohousing）的理念最早由丹麦建筑师让·古迪曼·霍耶（Jan Gudmand-Høyer）在1964年提出，他主张最为理想的居住方式应当拥有大量的公共空间和丰富的集体社交生活，社区的规模要小，以便让居民彼此了解。其更提出“一个住房计划不应该为人实施，而是由人实施”。②老年合作居住社区（Senior Cohousing）是建立在合作居住理念上的新型全龄适老社区。社区以鼓励老年人互助合作、社交娱乐、享受生活为目的，新建或改造适宜老年人的社区。适老合作居住社区的两大要素是个人独立和团体合作，老年人在这里不仅享有传统住宅所有的独立的个人空间，还可以享受到集体的公共空间、设施和服务。老人们可以通过合作分工完成日常家务，一同参加各项社区娱乐活动，被鼓励参与社区内的设计和管理，不仅改善了独居的自理困难，丰富的社区生活和活动更消除了老人的孤独感。同时，在与志同道合的老年朋友相处的过程中，老年人能有更多的思索，主动去体会变老的过程并变得懂得去明确自己的选择，给自己更多的自主选择权。在适老合作居住社区中，我们能够看

---

① 杨亚茹.养老应关注全龄化社区[N].中国建设报，2014-02-26（001）.

② Jan Gudmand-Høyer. Ikke kun huse for folk – ogsa huse af folk[J]. Information，1984(4).

到老年人更好地享受着生活，避免了孤独和寂寞，享受着社交的愉悦。通过建立合作互助的邻里关系，照顾各自的生理健康，改善了心理健康，减缓了老年人对于家庭和社会的依赖，增加了独立养老的能力[①]。适老合作居住社区还具有另外四大特点：分享价值理念（Shared vision and Values）、老龄化空间设计（Designed for Aging in Place ）、追求精神养老（Spiritual Eldering）、提倡环保理念（Environmental Consciousness）[②]。

1.2.2.7 居家养老

首先，要区分居家养老和传统家庭养老的区别。家庭养老不仅包含了对老人赡养照护的责任，还包括经济上的支持，即经济上的赡养和生活上的照护。居家养老是指老人居住在自己家里，服务及照护的责任不一定由家庭成员承担，而是通过社会服务提供和完成。在经济上也是同理，居家养老的钱也可以是老人自己的，尤其对有一定收入的老年人来讲，钱不是问题，谁来提供服务是一个问题[③]。

1.2.2.8 社区养老服务

社区养老服务是老年人住在自己家中或长期生活的社区里，在继续得到家人照顾的同时，由社区的养老机构或相关组织提供服务的一种养老方式。它是介于家庭养老和机构养老之间，利用社区资源开展养老照顾，由正规服务机构、社区志愿者及社会支持网络共同支撑，为有需要的老人提供帮助和支援，使他们能在熟悉的环境中维持自己的生活[④]。

1.2.3 相关政策

2006 年，世界卫生组织提出了“老年友好型城市”建设的理念。为顺应我国人口老龄化形势新变化和老龄事业发展新要求，并于 2007 年发表了《全球老年友好城市建设指南》。

2009 年，全国老龄办在我国东部沿海和东北老工业基地 7 个省份的 14 个城市和地区开展了“老年友好城市”、“老年宜居社区”的试点工作。

2012 年，新修订的《中华人民共和国老年人权益保障法》专门增加了“宜居环境”章节，明确要求“国家采取措施，推进宜居环境建设，为老年人提供安全、便利和舒适的环境”。

---

① 熊颖 . 基于 Cohousing 理念下的老年居住社区研究 [D]. 湖北工业大学，2016.

② Neshama A，Kate D. Elder cohousing—an idea whose time has come? [M].Com- munities，2006:60–69.

③ 乌丹星 . 老年产业概论 [M]. 北京：中国纺织出版社，2015.

④ 赵立新．社区服务型居家养老的社会支持系统研究［J］．人口学刊，2009(6):41–45.

2013 年，全国老龄办在浙江湖州召开了全国老年友好城市和老年宜居社区试点工作总结会议，会议提出友好城市和宜居社区试点创建工作，为构建老年宜居环境体系奠定了良好基础，全国老龄办在全国范围内开展“老年友好城市”、“老年宜居社区”、“老年温馨家庭”建设，倾力打造老年宜居环境。

2016 年 10 月，全国老龄委办公室、国家发改委、民政部等 25 个部委联合印发《关于推进老年宜居环境建设的指导意见》[2]。意见充分考虑人口老龄化因素、老年人身心特点及使用需求，提出了老年宜居环境建设这一新理念，并针对“住、行、医、养”等方面提出了五大老年宜居环境建设板块，17 个子项重点建设任务，包括推进老年人住宅适老化改造、支持适老住宅建设、完善老年友好型交通服务、强化住区无障碍出行交通环境、优化老年人就医环境、提升老年健康服务科技水平、加快配套设施规划建设、加强公共设施无障碍改造、大力发展老年教育、营造老年社会参与支持环境等内容。此外，意见指出要加强规划统筹和示范引导的保障措施。规划统筹充分考虑人口老龄化发展因素，根据人口老龄化发展趋势、老年人口分布和老年人的特点，在制定城乡规划中综合考虑适合老年人的公共基础、公共安全、生活服务、养老服务、医疗卫生、教育服务、文化体育等设施建设，提高规划编制的科学性、前瞻性、适老性。组织开展老年友好城市、老年宜居社区示范活动，鼓励有条件的地方结合本地实际，选择不同类型的城市（社区），积极稳妥地开展老年宜居环境建设示范工作。

2017 年 3 月，国务院印发《“十三五”国家老龄事业发展和养老体系建设规划》[3] 中，强调推进老年宜居环境建设，建设内容包括推动设施无障碍建设和改造、营造安全绿色便利生活环境和弘扬敬老养老助老的社会风尚。同时，强调建设老年宜居环境示范行动，内容包括完善老年宜居环境建设评价标准体系，开展“老年友好型城市”和“老年宜居社区”建设示范行动，继续开展全国无障碍建设城市创建工作。规划提出，到 2020 年 60% 以上城市社区达到老年宜居社区基本条件，40% 以上农村具备老年宜居社区基本条件，大部分老年人的基本公共服务需求能够在社区得到满足。

2019 年初，国家发改委等 18 个部委联合印发《加大力度推动社会领域公共服务补短板强弱项提质量，促进形成强大国内市场的行动方案》① 指出：全面放开养老服务市场，到 2022 年，全面建成以居家为基础、社区为依托、

① 发展改革委员会 . 加大力度推动社会领域公共服务补短板强弱项提质量 促进形成强大国内市场的行动方案 发改社会［Z］.〔2019〕0160 号，2019.

机构为补充、医养相结合，功能完善、规模适度、覆盖城乡的养老服务体系，社区日间照料机构覆盖率大于90%，居家社区养老紧急救援系统普遍建立，“一刻钟”居家养老服务圈基本建成。推动民办养老机构发展，取消养老机构设立许可，支持境内外资本投资举办养老机构，落实同等优惠政策。深化非营利性养老机构登记制度改革，允许养老机构依法依规设立多个服务网点，实现规模化、连锁化、品牌化运营。鼓励民间资本对企业厂房、商业设施及其他可利用的社会资源进行整合和改造后用于养老服务。开展城企协同推进养老服务发展行动计划。

我国老年宜居环境建设政策和理念的提出，对积极探索人口老龄化背景下老年宜居环境建设体系构建具有重要意义，为我国的老龄事业的发展指明了方向。

随着人口结构和家庭结构的变化，老龄化趋势日益严峻，我国养老需求发生了巨大变化，所需服务数量剧增，所需服务内容更加多样。为应对这种形势，政府部门加快了养老政策的制定和出台，养老政策涵盖的内容也逐步丰富：

（1）财政支持逐步加强

2010 ~ 2013年，全国公共财政支出决算“老龄事业”费用分别达到16.7亿元、26.6亿元、53.3亿元，年均增长率近50%。

2014 ~ 2015年，财政资金用于公营和民营养老机构的同时，鼓励社会资本的进入，不断增加民间资本进入养老服务领域的财政支持，同时提出推动民间资本参与养老服务业的一系列优惠政策和扶持措施。

2016 ~ 2017年，逐步完善财政支持和投融资政策，支持养老服务设施建设，落实养老机构相关税费优惠政策。鼓励地方加大政策创新和资金投入力度，形成服务内容全面覆盖、社会力量竞争参与、人民群众普遍认可的居家和社区养老服务的成功经验。

（2）税费优惠范围扩大

近年来，国家逐步取消了对福利性、非营利性的老年服务机构的企业所得税，同时免征老年服务机构自用房产、土地城镇土地使用税，自用车船免征车船税。

养老机构在资产重组过程中涉及的不动产、土地使用权转让，不征收增值税和营业税；养老院占用耕地免征耕地占用税。

对企事业单位、社会团体、个人等按规定向福利性、非营利性的老年服务机构的捐赠，在缴纳企业所得税和个人所得税前全额扣除；免征养老服务的营业税，不断加大对养老服务结构的财政补贴。

（3）养老用地供应加大

统筹安排养老用地，并逐步将用地指标纳入管理规划。2013年，《国务院关于加快发展养老服务业的若干意见》[①] 提出，对各类养老服务设施建设用地纳入城镇土地利用总体规划和年度用地计划，对盈利性养老机构建设用地，优先保障供应。确立有差别的优惠供地政策，并不断降低有偿用地成本。对非营利养老服务设施用地划拨供给，明确营利性养老机构建设用地为有偿用地。

2016年，国务院常务会会议提出消除制约养老、教育、体育等消费的体制机制障碍，并在《国务院办公厅关于进一步扩大旅游文化体育健康养老教育培训等领域消费的意见》[②] 中提出支持整合改造闲置社会资源，发展养老服务机构。

（4）金融创新步伐加快

将养老与金融相结合，创新养老金融模式，加快养老服务业培养与发育。2015年《养老产业专项债券发行指引》[③] 中，提出专门为老年人提供生活照料、康复护理等服务的营利性或非营利性养老项目发行养老产业专项债券，用于建设养老服务设施设备和提供养老服务；2016 ~ 2017年，提出在养老服务领域采取政府和社会资本合作（PPP）方式的项目，同时鼓励运用PPP模式推进养老服务业供给侧结构性改革，形成多层次、多渠道、多样化的养老服务市场，并推动老龄事业发展。国务院《关于2016年中央和地方预算执行情况与2017年中央和地方预算草案的报告》[④] 中明确指出："在推进各项相关改革工作的基础上，研究制订基本养老保险基金中央调剂制度方案。"作为养老保险全国统筹的过渡性政策，养老金中央调剂金制度被正式提上议程。增强养老机构的融资能力，鼓励和支持保险资金投资养老服务领域，拓宽养老事业的融资来源。

1.2.4 适老标准

我国涉老规范、标准数量在持续增长，且标准编制的适老化趋势明显。我国现有涉老方面的标准截止到目前共计14项（表1–2）。

---

① 国务院. 国务院关于加快发展养老服务业的若干意见［Z］. 国发〔2013〕35号，2013.

② 国务院办公厅. 国务院办公厅关于进一步扩大旅游文化体育健康养老教育培训等领域消费的意见［Z］. 国办发〔2016〕85号，2016.

③ 国家发展改革委办公厅. 养老产业专项债券发行指引［Z］. 发改办财金〔2015〕817号，2015.

④ 财政部. 关于2016年中央和地方预算执行情况与2017年中央和地方预算草案的报告——2017年3月5日在第十二届全国人民代表大会第五次会议上 [J]. 中国财政，2017(8):4–13.

我国现行养老标准内容摘选 **表 1-2**

发布时间	发布及更新时间	规范名称
1	2001 年 2 月	《老年人社会福利机构基本规范》(MZ008—2001)
2	2010 年 11 月	《老年养护院建设标准》(建标 144—2010)
3	2010 年 11 月	《社区老年人日间照料中心建设标准》(建标 143—2010)
4	2010 年 12 月	《无障碍设施施工验收及维护规范》(GB 50642—2011)
5	2012 年 3 月	《无障碍设计规范》(GB 50763—2012)
6	2013 年 10 月	《残疾人托养服务机构建设标准》(建标 166—2013)
7	2014 年 5 月	《城市社区服务站建设标准》(建标 167—2014)
8	2016 年 6 月	《既有住宅建筑功能改造技术规范》(JGJ/T 390—2016)
9	2016 年 11 月	《精神专科医院建设标准》建标 176—2016
10	2016 年 11 月	《急救中心建设标准》(建标 177—2016)
11	2018 年 3 月	《老年人照料设施建筑设计标准》(JGJ 450—2018)
12	2018 年 7 月	《城市居住区规划设计标准》(GB 50180—2018)
13	2018 年 12 月修订	《城镇老年人设施规划规范》(GB 50437—2007)(2018 年版)
14	2019 年 3 月	《疗养院建筑设计标准》(JGJ/T 40—2019)

(资料来源:根据我国现行养老标准整理)

1.2.5 相关问题

目前，老年宜居环境建设理念已渗透到标准制定、相关研究与实践中。然而，系统性、协调性、前瞻性、可操作性研究尚需加强。(表 1–3 ~ 表 1–6)

2016 年第二批工程建设协会标准制订项目计划 **表 1-3**

序号	项目名称	制、修订	适用范围和主要内容包括	起止年限
1	老年友好城市评价标准	制订	适用于城市(城区)的规划设计、新城开发和城市更新的适老性评价。主要内容包括:总则、术语、基本规定、城市规划、公共服务与设施、公共交通和出行、养老服务设施、住房与社区适老建设、社会参与和优待、信息化与智能化	2016 年 10 月 ~ 2018 年 10 月
2	既有建筑适老化改造技术规程	制订	适用于既有建筑适老化改造的规划、设计、施工及验收。主要内容包括:总则、术语和符号、基本规定、建筑设计、结构设计、室内设计、设备设施、施工及验收	2016 年 10 月 ~ 2018 年 10 月
3	适老化改造部品应用技术规程	制订	适用于养老服务设施新建及改建项目，既有建筑改造、家庭适老化改造项目中部品的设计、施工和验收。主要内容包括:总则、术语和符号、应用技术规则、施工和验收	2016 年 10 月 ~ 2018 年 10 月

续表

序号	项目名称	制、修订	适用范围和主要内容包括	起止年限
4	老年宜居社区评价标准	制订	适用于新建、改建和扩建城镇社区的适老性评价。主要内容包括：总则、术语、基本规定、室外环境、公共空间、套内空间、信息化与智能化、适老化设备与部品	2016 年 10 月 ~ 2018 年 10 月
5	社区养老服务驿站建设技术规程	制订	适用于我国新建社区养老服务驿站的建设。主要内容包括：总则、术语和符号、基本规定、外部环境、建筑、结构、室内环境、设备、信息与智能化系统、运营及管理、附录	2016 年 10 月 ~ 2018 年 10 月

（资料来源：中国工程建设标准化协会 . 关于印发《2016 年第二批工程建设协会标准制订、修订计划》的通知 .[EB/OL]. http：//www.cecs.org.cn/xhbz/zxdjh/8958.html. ）

2017 年第一批工程建设标准化协会标准制订、修订计划 **表 1–4**

序号	项目名称	制、修订	适用范围和主要内容包括	起止年限
1	城市介护型养老设施设计标准	制订	适用于城市新建介护型养老设施的设计和既有建筑改造成介护型养老设施的设计。主要内容包括：总则、术语、基本规定、建筑标准、设备设施、部品集成、既有建筑改造利用	2017 年 6 月 ~ 2018 年 12 月

（资料来源：中国工程建设标准化协会 .《2017 年第一批工程建设协会标准制订、修订计划》.[EB/OL]. http：//www.cecs.org.cn/xhbz/zxdjh/9321.html. ）

2018 年第二批工程建设标准化协会标准制订、修订计划 **表 1–5**

序号	项目名称	制、修订	适用范围和主要内容包括	起止年限
1	酒店建筑适老化改造技术规程	制订	适用于城镇酒店建筑的适老化改造。主要内容包括：总则、术语、基本规定、建筑空间改造、结构体系改造、健康环境改造、建筑材料应用	2018 年 10 月 ~ 2020 年 10 月
2	酒店建筑适老化改造评估标准	制订	适用于酒店建筑的适老化改造评估。主要内容包括：总则、术语、基本规定、酒店类既有公共建筑的分类、建筑空间评估、结构系统评估、设备管线评估、物理环境评估	2018 年 10 月 ~ 2020 年 10 月
3	残疾人居家环境无障碍改造评估标准	制订	适用于肢体残疾人、视力残疾人、听力残疾人所居住的城镇既有住宅套内空间无障碍改造评估。主要内容包括：总则、术语、基本规定、肢体残疾人居家环境无障碍改造评估、视力残疾人居家环境无障碍改造评估、听力残疾人居家环境无障碍改造评估	2018 年 10 月 ~ 2020 年 10 月
4	养老建筑室内装饰装修设计标准	制订	适用于养老建筑室内装饰装修的设计。主要内容包括：总则、术语、基本规定、室内空间、生活用房、室内环境、无障碍、建筑设备	2018 年 10 月 ~ 2020 年 10 月

续表

序号	项目名称	制、修订	适用范围和主要内容包括	起止年限
5	城市社区居住环境适老性评价标准	制订	适用于新建和既有城市社区的居住环境适老性评价。主要内容包括：总则、术语、基本规定、评价方法、评价结果、评价指标	2018 年 10 月 ~ 2020 年 10 月
6	幸福社区评价标准	制订	适用于幸福社区的评价。主要内容包括：总则、术语和符号、基本规定、党建与社区文化、居家与社区养老、社区教育、无障碍环境建设、卫生与医疗、安全与环境、设备设施、智能化系统、社区服务系统	2018 年 10 月 ~ 2020 年 10 月

（资料来源：中国工程建设标准化协会 . 关于印发《2018 年第二批协会标准制订、修订计划》的通知 .[EB/OL]. http：//www.cecs.org.cn/xhbz/zxdjh/9915.html）

2019 年第一批工程建设标准化协会标准制订、修订计划 **表 1–6**

序号	项目名称	制、修订	适用范围和主要内容包括	起止年限
1	农村居家养老服务设施设计导则	制订	适用于新建、改建和扩建的农村居家养老服务设施设计。主要内容包括：总则、术语、基本规定、选址及规划布局、建设规模及面积指标、无障碍设计、防火与安全疏散、室内环境、建筑设备	2019 年 5 月 ~ 2021 年 5 月
2	老年人照料设施声环境评价标准	制订	适用于新建、改建和扩建的老年人照料设施声环境评价。主要内容包括：总则、术语、基本规定、室外声环境及声景观、建筑隔声、设备噪声控制、室内声舒适	2019 年 5 月 ~ 2021 年 5 月
3	家庭健康监测机器人	制订	适用于家庭和社区的健康、养老智能机器人。主要内容包括：范围、规范性引用文件、术语和定义、分类、编码及示例、要求、试验方法、检验规则、标志、出厂、运输及储存	2019 年 5 月 ~ 2020 年 10 月

（资料来源：中国工程建设标准化协会 . 关于印发《2019 年第一批协会标准制订、修订计划》的通知 .[EB/OL]. http：// http：//www.cecs.org.cn/xhbz/zxdjh/10286.html.）

1.2.5.1 现行建设标准协调性不足

近几年来，随着养老政策的不断推进，我国涉老规范、标准数量在不断增长，但涉老工程建设标准存在标准层级定位不清，概念模糊，各标准之间重复、交叉，甚至是强制性标准与强制性条文之间冲突等问题，影响了使用者对相关标准的正确理解和准确执行。此外，由于缺少既有建筑适老化改造标准和技术规程以及与消防规范的不协调，导致许多养老服务设施无法落地。

1.2.5.2 理论研究缺乏战略性思考

虽然老年宜居环境理念已经渗透到相关研究中，但城乡规划体系缺乏对老年宜居环境建设的战略规划，全方位、多层次的体系性研究尚待加强：(1)关于养老设施规划的研究不足，主要集中在城市区域，城郊区域、农村地区研究不足，城乡全覆盖的养老设施体系尚未建立；(2)关于养老社区的规划研究不熟悉，体系尚未成熟，缺少关于指标体系的研究；(3)养老建筑设计研究缺少从区域角度、体系层级、市场角度、多样需求等因素的综合考虑。研究理论与设计实践存在较为严重的脱节现象，致使研究成果难以落实。

1.2.5.3　城乡适老化宜居环境尚未形成

主要存在如下问题：(1)城乡养老服务体系建设不均衡问题突出。大城市尤其是北京、上海等特大城市和东部地区的大城市，存在非常典型的中心城区—远郊城区(郊县)的老年宜居设施配置严重不均衡的问题。(2)城乡基础设施建设适老化程度低。养老设施配套滞后，特别是农村地区；居住环境适老化程度低，普遍缺乏必要的适老化设计及无障碍设施；交通环境障碍多，安全隐患大；城市公共休闲空间及设施匮乏，公共环境中无障碍问题突出①。

1.3　构建老年宜居环境目标与框架

1.3.1　老年宜居环境构建目标

全国老龄办在《关于推进老年宜居环境建设的指导意见》[2] 明确提出：到2025年，安全、便利、舒适的老年宜居环境体系基本建立，"住、行、医、养"等环境更加优化，敬老、养老、助老的社会风尚更加浓厚：(1)老年宜居环境的理念普遍树立，老年群体的特征和需求得到充分考虑，形成人人关注、全民参与老年宜居环境建设的良好社会氛围。(2)老年人保持健康、活力、独立的软硬件环境不断优化，适宜老年人的居住环境、安全保障、社区支持、家庭氛围、人文环境持续改善。(3)老年人融入社会、参与社会的障碍不断消除，老年人信息交流、尊重与包容、自我价值实现的有利环境逐渐形成。(4)各地普遍开展老年宜居环境建设工作，形成一批各具特色的老年友好城市和老年宜居社区。

1.3.2　老年宜居环境构建框架

为充分落实《关于推进老年宜居环境建设的指导意见》[2] 提出的"住、行、

① 李斌.中国养老设施的发展现状、问题及对策[J].时代建筑，2012(6)：10-14.

医、养”及文化环境建设等方面任务，推进老年宜居环境示范建设，本书从“存量”、“增量”两个方向，“城镇—社区—建筑”三个层面开展研究，提出城乡全覆盖的老年宜居环境体系（图 1–3）。

老年宜居环境构建体系分为空间体系、支撑体系和指标体系三部分：

空间体系是老年宜居环境构建的核心内容，包括公共开放空间、交通出行空间、居住空间、养老服务设施空间四个部分。

支撑体系是老年宜居环境构建的重要基础，从生态本底保护、老年产业培育、智慧养老服务、投资开发运营、敬老文化氛围营造五个方面展开。

指标体系是老年宜居环境空间建设的技术支撑，结合“城镇—社区—建筑”三个研究层次展开，包括老年宜居城镇规划指标体系、老年宜居社区规划指标体系、相关建筑技术经济指标体系三方面内容。

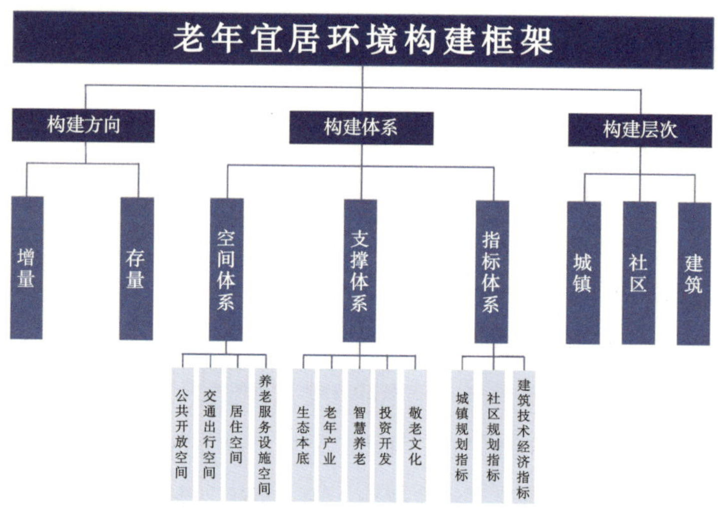

图 1–3　老年宜居环境构建框架图（资料来源：自绘）

1.3.2.1　空间体系

（1）居住空间

本书所指的居住空间主要包括一般住宅、老年公寓、老年住宅等建筑空间。居住空间环境的适老性建设非常关键。首先，居住空间适老性建设能有利于保障居家养老的长效性；其次，通过对不同设施的配套建设，能满足多元化的养老需求。

居住空间是老年人日常生活的重要空间载体，其空间布局和设施配置对老年人的身心健康具有重要影响。居住空间首先要保证老年人在户内生活活动的安全、卫生和舒适，并为高龄、失能老人提供必要的辅助性设施和设备。相应举措应在既有住区的更新改造和新建住区的规划建设中同步推进，将空间福利贯穿于规划设计与使用维护的全过程，有计划、有步骤地改善老年人的居住生活环境[①]。

（2）养老服务设施空间

养老服务设施空间是四大空间体系的重要内容，尤其是社区养老和居家养老设施空间的适老性建设，决定了居家、社区养老的质量。养老服务设施空间服务功能的差别分为五类，分别是老年人照料设施空间、医疗设施空间、急救设施空间、教育设施空间和文体设施空间。根据养老设施服务空间范围等级的不同，可分为“镇级—社区级（村级）—组团级”三级。统筹城乡发展，逐级、均等配置公共服务设施。养老服务设施体系的构建既要与“市级—片区级—街道级（镇级）”城市养老服务设施体系做好衔接，又要与现行城市居住区规划设计标准做好衔接，完善组团级、村级老年人设施配建，对城乡养老设施进行均等化配置。重视农村养老服务设施建设，在农村配置敬老院、老年进修班、文化活动站等村级养老服务设施，形成城乡全覆盖的养老服务设施体系。

（3）交通出行空间

交通出行空间的适老性建设直接影响着老年人的日常行为和出行意愿，实现了适老交通出行空间无障碍出行，扩大了老年人的活动范围，使其更为广泛地参与社会活动。交通出行空间的适老性不仅仅体现在交通工具的服务上，更体现在公共交通道路和设施的适老性规划和建设上。

老年人生理和心理随着年龄增长发生了一系列的变化。生理方面，身体机能、运动机能、视力和记忆力迅速下降，行动迟缓、无力。心理方面，普遍存在求生性、共生性、孤寂性、回归感和眷恋感等特征[②]。对此，交通出行空间的适老性建设应具有安全性、便捷性、舒适性、慢节奏性和可救援性，并与建设老年宜居城镇的整体行动充分衔接。

（4）公共开放空间

公共开放空间是老年人室外活动的重要区域，公共开放空间的适老性建设直接关联老年人的身心健康。营造出适合老年人交往、休憩的养老环境，能有效提升老年人的生活质量和居住环境。

由于老年人行为的特殊性，导致其对公共空间存在特殊的需求，这就要求公共空间适老性建设应具有便利性、舒适性和标识性。这些需求是公共空间原

---

① 于一凡，贾淑颖．居家养老条件下的居住空间基础研究——以上海为例 [J]. 上海城市规划，2015（2）：96-100.

② 权莹，金东来．适老性城市空间设计初探 [J]. 安徽农业科学，2015（9）：206-207，357.

本就应该具备的属性，对于老年人来说，这些属性尤为重要。

1.3.2.2 支撑体系

（1）生态本底保护

生态本底保护是老年宜居城镇规划考虑的首要因素。基于生态本底的可持续发展规划，能为具有前瞻性的未来城镇发展提供全面的科学支撑。老年宜居城镇生态本底的构建分为两个重要环节：①城镇自然生态要素的识别。主要涉及镇域范围内生态资源的统计普查，对现有生态资源进行盘点，明确生态资源在大区域中的作用，以及控制人为干预，制定保护措施。②生态安全模式构建。基于大的生态资源格局对生态因子进行评价分析，得出生态敏感性和用地适宜性相关结论作为城镇空间划分及廊道构建的依据，最终在大的区域范围内构建城镇生态安全格局。

（2）老年产业培育

老年产业是一种综合性的产业，具有产业链长、关联度高、涉及领域广等特点，发展潜力巨大，动力强劲，有望担当推动城镇发展的重任。它包括老年服务业、养老住宅、养老产品三大产业，适于产业融合发展和探索养老服务产业园区的建设模式，建立相互依存的产业联系。城镇发展应当从自身发展优势及生态可持续发展的角度出发，坚持绿色发展、科技引领、文化提升，以老年产业为特色，以老年服务业发展为重点，并融合传统产业进行生态可持续转型升级，从而构建多产业协调发展的环境友好型、能源集约型、具有一定社会公益性和生态可持续发展的产业体系，引导周边人口、功能、产业要素向社会公益性和生态可持续发展的产业体系聚集，推动城镇朝着长远的生态化可持续化的方向发展。

（3）智慧养老服务

基于信息体系搭建老年宜居型的智慧城镇环境，主要涉及智慧养老、智慧医疗、智慧交通、智慧产业、智慧能源、智慧环保、智慧社区七个方面。其中，智慧养老是老年宜居环境构建的重要内容，它围绕老年人的生命安全需求和独立生活需求布置相应的智能化系统，通过综合运用互联网、通讯网、物联网技术，将楼宇、物业、家居、路网、医院、急救等关联起来，以“安全、舒适、方便、快捷”为目的，形成一套针对老年人的照料看护系统，打造更为安全便捷的居住环境。根据老人的生命安全需求和独立生活需求，将智能化系统可以提供的功能由高到低分为几个层次：医疗救护系统、安全保障系统、舒适体验系统和残障专设系统。

（4）投资开发运营

为保障整个城镇的有序开发建设，提高城镇运营效率，在城镇的总体开发建设、投资与运营管理方面，可采取“整体规划、分步实施”和“大分散、小集中”的开发模式，“政府投资与企业投资相结合、以企业投资为主”的投资模式，以及“企业化、市场化运营相结合、以市场化运营为主”的运营模式。此外，老年宜居城镇建设涉及的产业领域广、项目类别多，不同属性的经营特性、商业模式不同，要求的生产组织方式和投入主体不同。老年宜居城镇针对养老设施、养老机构、城镇基础设施、养老配套产业四大投资分别提出相应的融资模式。①

（5）敬老文化氛围营造

我国孝道敬老思想源远流长，敬老文化根基深厚。敬老文化不仅是中华民族的优良传统，而且关系到社会和谐稳定和养老事业发展，特别是老年人发挥余热、自我价值的实现。本书从鼓励老年人社会参与、促进代际交流、构建社区文化等方面营造敬老文化氛围，倡导代际和谐文化，弘扬敬老、养老、助老社会风尚，营造社会参与支持环境。

1.3.2.3 指标体系

（1）老年宜居城镇规划指标体系

老年宜居城镇规划指标体系是为推动城镇空间的生态、适老、宜居建设，结合公共开放空间、交通出行空间、居住空间、养老服务设施空间等空间规划布局提出的规划指标。本书将结合《关于推进老年宜居环境建设的指导意见》17项建设任务，在《宜居城市科学评价指标体系》、《中国人居环境奖评价指标体系》、《国家卫生城市标准（2014版）》等文件的基础上，提取相关规划指标，并结合本书所作研究及相关研究，进行丰富、完善及指标适老化修正，并考虑广大农村地区老年宜居环境建设及未来老年宜居环境发展趋势，构建适于老年宜居城镇的规划指标体系。

（2）老年宜居社区规划指标体系

老年宜居社区规划指标体系是为推动社区的生态、适老、宜居建设，指导公共开放空间、交通出行空间、居住空间、养老服务设施空间四大空间的规划布局而设立的。本书将结合《关于推进老年宜居环境建设的指导意见》17项建设任务，在《中国人居环境奖评价指标体系》、《宜居小区科学评价指

① 老年宜居城镇投资与发展研究[R]. 北京：中国投资协会，2015.

标体系》、《城市居住区规划设计标准》（GB50180–2018）等基础上，提取相关规划指标，结合本课题研究及相关研究进行丰富、完善及指标适老化修正，并考虑农村社区建设需求，构建适于老年宜居社区的规划指标体系。

（3）相关建筑技术经济指标体系

相关建筑技术经济指标体系主要为老年居住建筑而梳理的技术经济指标，具体设计可参照相关建筑设计规范、标准。老年居住建筑主要包括：老年人居住的住宅、公寓、养老院、老年养护院等。相关建筑技术经济指标的选取以《城镇老年人设施规划规范》（GB50437–2007）（2018 年版）、《急救中心建设标准》（建标 177–2016）、《老年人照料设施建筑设计标准》（JGJ450–2018）、《城市居住区规划设计标准》（GB50180–2018）等为依据。

第2章

构建老年宜居城镇

2.1 构建目标与路径

2.1.1 老年宜居城镇的积极作用

我国特大城市养老面临的主要问题：在大城镇快速老龄化的趋势下，未来主要矛盾之一将是特大城市迅速增加的养老需求的压力与土地紧张、交通拥挤、生态环境差、劳动力资源有限、劳动力薪酬水平高等限制性条件之间的矛盾。我们以北京市为例，其面临的主要问题包括：家庭养老的功能弱化、社会竞争生存压力大、跨地域流动频繁、家庭结构等因素，让子女面临家庭与事业的冲突，高房价也制约了居家养老。特别是随子女迁入北京的老人，难以独自买得起北京的住房；邻避效应阻止了老社区兴建养老机构。一些居民为了自己的利益，聚集在一起，联合抵制在居民区附近办养老机构；公办养老力不从心，不能适应社会需要，养老服务总体失衡；不断改变的老人需求难满足，随着北京经济社会的发展，老年人需要更多层次和更多方面的精神和社会需求，但目前的养老供给机制难满足。北京面临的养老问题在其他特大或超大城市一定程度同样存在。

城郊养老服务设施现状：结合我国养老服务设施和体系，特大城市在完善养老服务设施的规划建设过程中，城郊区域的养老服务设施是发展的薄弱环节。现阶段，特大城市养老服务设施关注重点往往集中在中心城区，而忽略周边郊区城镇的发展。而特大城市周边的城镇养老宜居环境建设，除满足自身需求外，更重要的是可以为中心城区提供养老服务。因此，在健全特大城市主城区的养老服务设施和提升服务水平的同时，合理配置城郊区域城镇养老服务设施，可以缓解城郊养老服务设施和服务水平差距的扩大以及城区养老服务设施的供给压力的加剧。因此，在养老服务设施的规划建设中，应该转向促进特大城市和郊区小城镇养老服务均衡发展的道路上来。

推动特大城市周边小城镇发展：将大城镇周边小城镇养老服务设施的建设，作为健全大城市城镇养老机制的必要补充和重要途径，是本次老年宜居城镇构建的重点研究工作。选择在大城镇周边发展适宜养老的小城镇，既可利用大城镇先进的医疗服务机构和团队资源，又能够发挥小城镇在宜居环境和城镇规模建设上的自身优势。推动郊区城镇适老宜居建设，加速推进特大城市养老服务事业的大力发展。加强完善养老服务设施体系、提升老年人生活环境质量建设对积极缓解养老压力、推动养老事业发展具有重要的作用。随着养老服务发展规划的出台，预示着我国养老服务事业将进入加速发展阶段，对特大城市周边小城镇养老服务设施的规划建设研究将成为完善特大城市养老服务事业和对小城镇规划发展的重要补充和延伸。基于老年宜居城镇构建的特大城市及周边小城镇空间的指标体系、规划布局等内容进行适老化探索，进一步推动我国新型城镇化建设，为未来城郊型小城镇转型发展模式提供多样参考。老年宜居城镇对于新型城镇化发展有着以下积极的推动作用。

老年宜居城镇构建是未来新型城镇化发展的重要内容：老年宜居城镇建设符合长远发展的要求，是顺应养老需求，缓解养老压力，推动国家老龄事业发展和养老体系建设规划政策落实及城镇环境建设的有效措施。在城镇化进程中，如果没有全面的、科学的规划，尤其忽略老龄人口的需求，忽略老龄人口对环境的需求，若干年后，必将耗费更大的代价对城镇进行改造。因此，必须顺应城镇发展趋势，抓住城镇化机遇，建设老年宜居城镇，造福于民。

老年宜居城镇构建是城乡统筹发展的客观要求：老年宜居城镇的建设是加强城乡统筹发展，促进城市和郊区城镇养老服务设施“郊区一体化”建设的关键，是完善特大城市养老机制的必要补充，是推进小城镇自身转型发展的重要途径。我国城镇的老龄化现象十分突出，老年人口呈现中心高度集聚、快速郊区化的趋势。城镇近郊区是老龄化程度空间变化较大的区域，大量街区转变为成年型或年轻型街区，老年人口呈现离心扩散的趋势；城镇远郊区是老龄化程度空间变化最大的区域，大多数远郊区的街区都步入了高度老龄化阶段，老年人口呈现向心集聚的趋势。这就说明郊区城镇养老服务设施“郊区一体化”建设非常关键，也是城乡一体化的关键环节，能有效推动城乡可持续、和谐发展。

2.1.2 老年宜居城镇的发展目标

（1）城镇老龄化问题

快速发展的城镇化是人类21世纪的重大成果，迅速聚集的高素质劳动力、不断延伸的边界、多元化思维的汇聚，造就了之前任何时代都无法比拟的财富。进入21世纪，城镇的快速发展也出现了许多新问题。例如，从人口构成来看我国的城镇发展问题，人口红利始于1965年至1970年。当时由于生产效率低下，1965年至1978年的年均经济增长率只有3.9%。改革开放以来，中国经济高速增长，但劳动力人口在2015年转为减少。换言之，在中国成为发达国家之前，人口红利就已经结束。中国城镇面临的将是严峻的社会问题，推动着城乡规划建设领域的变革。

老年人口急剧增多，老年人需要特殊的辅助支持和特殊的居住环境来应对身体的衰老和社会的变化，社会步入老龄社会面临的问题和将使城镇发展面对如下的问题：

①人口问题：包括如何解决城镇老龄人口增加对资源、环境压力增大与寻找老龄人口红利间寻求最佳平衡点。

②“硬件”与“软件”发展问题：基础交通、养老服务设施、开放空间等各类公共基础设施无法满足目前老年人需求的问题。如何使城镇——乡镇公共服务统筹协调发展、基本服务均等化及如何使老年人能够全方位地真正满足老年人的生活需求。

③旧城改造问题：大多数老年人居住在旧城，但旧城很大程度上存在适老化功能弱化甚至缺失的问题，不能满足目前城镇日益增多的老年人的新需求，旧城改造与养老环境建设密不可分。

④宜居问题：如何使居住环境适合老年人的需求，人人都能够有良好居住条件，让老年人生活得舒适美好，是老年宜居城镇发展的终极目标。

为了解决好目前出现的城镇老龄化问题，全球范围内出现了多种政策和规定，世界卫生组织制定的《全球老年友好城市建设指南》是其中之一。

（2）《全球老年友好城市建设指南》

《全球老年友好城市建设指南》是世界卫生组织通过在世界 33 个城镇开展对老年人的调查,询问了解了他们在城镇生活中的八个方面存在的优势和不足。在大多数城镇，除了调查老年人外，还补充调查了给老年人提供各种关怀和服务的公共组织、志愿者组织和私人组织。这些调查结果形成了一套老年友好型城镇的特征标准清单。

①基本宗旨：指南阐述老年友好城镇基本出发点是从老年人的视角来看城镇如何去帮助他们生活，以确定在何处以及如何变得更加接近成为老年友好城镇。《全球老年友好城镇建设指南》不是全球城镇的老年友好度的排名系统，而是一个城镇自我评估和老年友好城镇建设进展的阶段性总结。其中，良好的实践经验可以提供给其他城镇一起分享。指南中反复出现的主题是如何提升老年人的生活质量。同时在不同城镇发展的不同阶段，还在一直进行关于“老年友好城镇”的调研，并且受到了当地老年人的欢迎，众多的老年人已经参与到其中并且已经发表了自己的意见。

②涉及内容：涉及的内容包括室外空间和建筑、交通、住房、社会参与、尊重与包容、市民参与与就业、信息交流、社区支持与健康服务。指南描述了城镇生活各个方面的优势，以及老年人在城镇生活中各个方面所经历的障碍。

老年人描述了与他们自己生活环境相匹配的经历。老年人提供了一些建议，并且鼓励老年人参与实施改进项目。具体措施涉及环境的安全性、可及性、独立性。配有相应的措施去保护那些易受伤的老年人，尊重他们的需求和生活方式的选择，最终促进老年人更好地融入社会。通过这种由下而上的方法阐明老年友好城镇构建必要的信息，并且在关键的解决措施中由老年专家进行分析调整，制定相应措施和政策。

③应用范围：指南的作用不仅仅适用于发达城镇也适用于不发达城镇。它旨在为一个年龄友好的城镇提供一个通用的理念，不仅仅是停留在技术指导原则、设计规范方面。其技术文件可用于帮助实施个别城镇可能需要的改变措施，旨在供有意于建设老龄宜居友好特征城镇的个人和团体使用，包括政府、志愿组织、私营部门和公民团体。创建原则同样适用于在所有阶段与老年人相关项目的合作伙伴，明确老年友好城镇的构建不仅需要政府也需要城镇的个体公民共同努力参与。

④落实评估：在评估老龄友好城镇构建的后续阶段，指南提出必须由老年人继续参与监督城镇的进步，并作为老年友好城镇倡导者和顾问。真正从老年人的角度审视，根据不断更新的实例分析如何构建一个老年友好城镇，我们距离老年友好城镇的差距在哪？我们居住的城镇特点是什么？城镇中的老年人到底遇到了什么问题？他们的健康、参与和安全方面上还欠缺什么？明确老年人才是他们自己生活最终的专家，城镇里的每一个人也包括老年人都应该是年龄友好城镇构建的参与者，应该及时去寻求老年人的第一手经验。

（3）老年宜居城镇的发展目标

老年宜居城镇内涵具有三层含义，第一是适宜老年人，要求城镇建设和发展要适宜老年群体生活居住，养老服务业是城镇经济发展的重要内容；第二是宜居，要求城镇具有良好的生态环境，便捷的交通，完善的服务业及完备的其他基础设施；第三是城镇范围，要求在城镇范围内，而不仅仅是在社区层面进行规划和建设，要求统筹城镇自然资源条件、土地资源条件，进行面向老龄群体，但又涵盖全龄人群，发展养老服务业，其他产业又与之协同发展。

因此，老年宜居城镇的发展目标首先是宜居城镇，其次又必须适宜老年人居住。老年宜居城镇通常把养老服务业作为重要的产业来发展，但同时又必须能综合城镇自然条件，能吸引其他环境友好型和生态友好型产业共同成长。老年宜居城镇是未来城镇建设发展的一种模式，其中包括一定数量和规模的老年宜居社区或组团，以便把养老的居家服务、社区服务和机构服务有机结合起来，形成适当规模，使经营机构能够聚集起各类专业人才，提供高质量的养老服务，培育政府扶持下的养老服务业态。同时又能使得其他年龄人群安居乐业，满足全龄人群的生活、工作需要[①]。

2.1.3　老年宜居城镇的实施路径

借鉴北京和上海的探索实例。目前，我国老年宜居城镇体系的建设还处在起步阶段，本书在研究分析老年宜居城镇建设导则的基础上，对比参照了上海老年友好城市的户外环境和设施、公共交通和出行、住房建设和安全、社会保障和援助、社会服务和健康、文化教育和体育、社会参与和奉献、社会尊重和优待等九个部分来展开老年宜居城镇的体系构建。同时，本书的编制单位也在北京市郊区的穆家峪镇进行试点，编制了穆家峪养老宜居城镇规划，构筑了以生态为本底的老龄宜居环境发展理念。

以落实《关于推进老年宜居环境建设的指导意见》为抓手。对于我国目前的形势来讲，老年宜居城镇构建要切实地落实全国老龄办《关于推进老年宜居环境建设的指导意见》中所提及的“住、行、医、养”及文化环境建设等方面任务，有效推动资源整合和项目落地，全面对接市场发展，以区域养老战略布局和创新体系落实为目标重点，为推动老年宜居城环境的发展，切实落实发展策略：构建生态可持续的产业体系，构建外捷内援的交通体系，构建多层级互助式的养老服务体系，构建可交往绿色开放空间体系，构建智能、互联、便捷的智慧城镇体系，构建多元敬老文化体系。促进资源整合和战略发展平台，全面推动我国老年宜居环境的标准制定、规划设计、项目落地的组织框架建设。

2.1.4　老年宜居城镇建设的探索

通过对快速老龄化社会和快速城镇化中产生的问题分析，我们可以看出，随着老龄化程度的日益加剧，老龄社会即将到来，整体上会形成城乡生产空间收缩、生活休闲空间增加、生态环境空间提质的基本特征，势必引发城乡空间的变革。老年宜居城镇的规划建设，要以老人需求为核心，要求对城乡空间规划的布局以及建设用地管理进行探索，实现生态适老宜居。

2.1.4.1　建设用地布局理念更新

由过去强调功能分区转向围绕居住生活和公共服务设施建设，采取组团布

---

① 老年宜居城镇投资与发展研究 [R]. 北京：中国投资协会，2015.

局、紧凑混合、有机联系的布局，以满足老年人的生理和心理特征需求。

组团布局：针对持续照料社区规模大、需求多样化的特点，根据不同服务等级，划分若干住宅群，即 CCRC 用地单元。

紧凑混合：住宅群、居住生活设施、公共服务设施等不划分功能分区集中布置，而是采取混合布局、紧凑复合利用的方式。

有机联系：由于布局是 N 个 CCRC 用地单元，强调在各个单元之间建设密切衔接的便捷路网系统，形成有机联系。

2.1.4.2　建设用地供应模式探索

（1）城镇建设用地供应多元化

吸收社会资本，投入养老事业，根据投融资模式，构建土地“划拨、出让、租赁及混合”的多元化投融资模式，通过“模块化组合”，规划建设指标弹性控制，总体平衡，有效推进开发建设。

（2）农村建设用地合作化

农村建设用地可以按照统一规划、合作经营的模式，采取土地租赁和农民宅基地建设养老服务用房的方法。

土地租赁：公共服务机构可以向农民租赁土地，建设养老服务设施。

宅基地建设：农民根据规划要求，自建养老居住用房或养老服务设施，实行合作化经营，同时对现有村庄进行适老化提升，整体推进农村地区老年宜居环境建设，为解决农村养老问题提供途径。

2.1.4.3　互助交往空间模式创新

（1）构建绿色、开放、融合的城镇空间

融合：城乡景观融合、空间环境融合、社会活动融合。

空间融合：城镇规模、街道尺度、建筑尺度、广场等公共活动空间的尺度力求符合人的需求，增强人的存在感，促成友好的社会尺度。

城乡融合：突出田园风貌，强调地域特色，保持自然本底，珍惜历史遗存，构建一体化、网络化的城乡体系。

社会融合：公共服务面向全社会（开放性），促进不同社会人群交流相处，组织交往空间，建设老年人之家等（包容性），开展生活圈规划，建设友好型社会。

绿色：构建以公共绿地系统为骨架的连接山水林田的绿色公共空间。

街区适老开放：小街区、密路网。

推行窄路密网的城市道路格局，塑造开放活力的城镇街道，构建宜人的城镇空间尺度。

（2）窄而密的道路网

在城镇层面打造窄马路、密路网的道路系统格局，有利于提高交通的可达性，缩短老年人过马路的时间，提高公交交通的覆盖率，方便老人出行。

（3）开放式的小街区

基于老年人的活动半径，针对原有的街区，增加一些内部的公共开放人行步道，营造适合出行的社区环境，形成老年人相互交往的空间。

（4）多样化的适老空间

由内部步行道连接的小尺度街区可减少步行距离，在街区内部打造不同尺度的、多样化的绿色空间和开放空间，满足老年人不同的使用要求。

借助推行开放的街区模式，实现内部设施的共建、共享。

2.2 生态本底空间

在传统的规划中，生态制约及优势要素常常没能得到足够的重视，往往缺乏对现状水体、湿地、土地以及其他自然资源的综合调查分析。这种规划方法，会使规划与时代要求有不小的差距。基于生态本底的可持续发展规划，能为未来城镇发展提供全面的环境支撑。老年宜居城镇的生态规划需要考虑诸多本土要素以及运用科学合理的规划方法来确定规划区关键生态制约及优势要素。通过自然本底调查分析，对生态现状进行摸底评估。要保护生态环境、修复被破坏的生态要素、提升生态功能，前提是要摸清生态的基础情况，知道哪些生态要素是核心的，在山水空间中占多大的比重，明确区域生态环境优势以及生态敏感性、区域发展潜在的风险，同时，进行生态承载力的评估。基于以上分析，划定几条不同保护要求的范围线，进行空间识别。在此基础上，对于大自然需要保护的首先保护起来，保护自然的山水格局，保持其原貌性、完整性、功能性完好，还要做好生物多样性的保护。同时，加强源头上的管控，减少人对自然环境的破坏，对受损的山体、水体和其他自然要素，运用生态手段进行修复。城镇的生态绿地环境构建，要注意形成联通城镇内外的生态网络系统。在保护好自然环境后，实现生态系统功能的最大化，保证生态产品供给的多样化，进而构建生态安全格局。在保护好自然的前提下，考虑人的需求，确定规划区内适宜不同空间尺度和类型的功能区域，实现人与自然的和谐。

老年宜居城镇生态本底的构建分为两个重要环节：

城镇自然生态要素的识别，主要涉及镇域范围内生态资源的统计普查，对现有生态资源进行盘点，明确生态资源在大区域中的作用。

生态安全模式构建，基于大的生态资源格局的基础上，对生态因子进行评价分析，得出生态敏感性和用地适宜性相关结论，作为城镇空间划分及廊道构建的依据，最终在大的区域范围内构建城镇生态安全格局。

2.2.1 自然要素的识别

生态要素识别是对区域内部基底环境的初步认知，通过对不同环境要素的了解和分析，有助于更加系统和有针对性地理解研究区域发展的环境优势和制约条件。对区域内整个自然要素的识别分类主要包括地形地貌、地质情况、气象条件、水资源、土壤环境、矿场资源、植被资源、生物多样性等几个方面。

（1）环境发展优势及脆弱性初步认知

良好的基底环境将成为区域发展的资源优势，生态效益的释放会对区域发展起到明显的促进作用。环境脆弱性分析主要围绕对重点问题的研究和梳理，明确在进行城镇开发的同时，给环境带来的潜在风险，以及需要重点关注的问题，以便后续进行生态安全模式构建时作为重点要素进行考虑。

（2）水资源及其脆弱性

水是基础性的自然资源和战略性的经济资源，是生态环境的战略要素，也是生态环境的控制要素，更是经济社会可持续发展的保障因素。结合城镇发展，确定用水需求及水生态容量。水安全是城镇建设水生态系统和水环境综合整治中需要解决的关键问题，主要包括河流的防洪排涝、枯水期的生态用水安全、供水安全及水体环境的质量安全。

（3）生态环境脆弱性

生态环境是可持续发展的自然基础，它为生产活动提供了包含生命支持、自然资源和消纳污染物等物质和非物质性服务。生态环境质量不仅决定了生态的组织方式、技术手段、产品质量和生产规模，也决定了人与生态环境之间的能量流动关系和性质，离开了生态环境，人类活动将无法进行。

自然基底资源是支撑城镇发展的重要组成部分，在城镇发展的前期应首先分析各类自然要素的布局、特征及动态变化过程。从整体出发，研究各类自然要素的相互关系，了解区域自然要素特色，明确发展过程中的环境脆弱性及潜在风险，在后续进行生态敏感性分析及安全格局构建过程中重点关注那些方面的问题，有助于进一步明确人类经营活动对自然资源和生态环境的影响，从而提出协调方法对策。

2.2.2 生态安全模式

生态安全模式是从生态角度对区域发展范围、边界以及功能区的界定，关注的是空间范围内生态发展框架的搭建。生态安全模式首先研究在大区域的生态环境背景和生态格局下所处的位置和承担的生态要务，明确研究单元的生态发展方向。着眼于研究单元本身，则是在明确生态发展方向的前提下细化内部生态网络及生态安全模式的构建。生态网络是大区域下生态廊道向城镇内部的延伸，承担着城镇水源涵养及生态屏障的重要功能。生态功能分区将进一步明确建设区与保护区的控制界限，为城镇的生态发展预留弹性空间。

整个功能分区的构建过程包含了生态因子敏感性分析、综合生态敏感性分析、用地适宜性评价、生态斑块的识别及生态安全模式的构建等一系列过程。

2.2.2.1 生态区位及地形地貌

生态及景观格局的研究往往只立足于研究范围本身，独立且静止地展开，忽视了研究单元在更加宏观范围所处的生态地位和承担的作用，这样的研究与生态规划不利于宏观区域的整体协调和多样化的发展。因此，在进行生态安全构建的初始阶段，首先要在更加宏观的视野内进行地域生态格局的分析，对不同地区、不同类型的生态情况及功能进行统筹考虑，明晰研究区域特有的生态功能及景观特质，并针对不同特质制定相应的保护及开发策略。从而实现研究区域的生态功能差异化、生态作用协同化的目的。

（1）区域背景下生态空间区位研究

重点研究大的生态格局中的空间位置，即在大的生态安全格局下，研究单元与区域廊道及安全格局的关系。从而反映研究的生态单元本身对维持地区生态安全的重要程度，以及其在某一区域所表现出的生态功能的大小。区域背景下的生态区位研究更强调研究本体在大区域生态格局中所承担的生态功能，这将决定该研究单元的生态功能定位。

（2）研究单元所承担的生态功能分析

根据研究单元与生态区域的生态关联程度，明确该单元对维护整个生态区域的重要性，从而对生态单元进行自然资源的合理开发利用、生产力配置、环境保护和生活安排。

（3）区域范围内地形地貌分析

地形地貌决定了地区的基本轮廓，是对自然地理环境的初步认识。特别是研究空间尺度较小，地质构造与地形地貌对不同土地资源类型资源分布、评价、利用情况都会产生直接影响，也直接决定着生态廊道的搭建、景观系统营造以及各功能板块之间的内在联系，从而影响城镇生态格局的构建。同时，地形地貌的变化也会对局部微环境产生明显影响。地形地貌的研究分析主要包括高程、坡度、坡向、水文、日照、地类及植被分析，通过对每一项单个因子进行分析，最终得出基于生态敏感性的单因子评价结构。

2.2.2.2　生态敏感性及用地适宜分析

（1）生态敏感性分析

生态敏感性综合分析是综合自然生态单因子敏感性分析和生态服务单因子敏感性分析的结果（表 2-1）。生态敏感性分析主要依托自然环境要素作为主导因素而进行的，如地面特征、植被特征、气候特征、水文特征等分别对其单因素进行敏感性分析，明晰各因素单独作用于研究单元所产生的敏感性变化及分布情况，并分别绘制图表，进行类别研究和归纳总结，同时也要对基地产生特殊影响的因子要素进行分析，将所得的各单因素敏感性分析图进行叠加和归纳，从而获得研究区域的综合敏感性分析图。

生态因子敏感性分析表　　**表 2-1**

<table>
<tr><th>因子名称</th><th colspan="2">因子描述</th><th>备注</th></tr>
<tr><td rowspan="6">自然生态单因子敏感性分析</td><td>高程因子</td><td>根据不同高程范围赋予不同进行分级</td><td rowspan="5">评价因子将会因研究区域基本情况以及开发类型的不同而有所增减或改变</td></tr>
<tr><td>坡度因子</td><td>根据植被生长条件赋予不同进行分级</td></tr>
<tr><td>坡向因子</td><td>根据植被生长需求赋予不同进行分级</td></tr>
<tr><td>水体因子</td><td>根据河流、湖泊、湿地以及径流等进行分级</td></tr>
<tr><td>植被因子</td><td>根据不同植被类型的生态价值进行分级</td></tr>
<tr><td>灾害风险因子</td><td>分别对洪水风险、地质滑坡等进行分级</td><td rowspan="3">权重值采用专家评分法确定，分值也将针对具体项目具体调整</td></tr>
<tr><td rowspan="2">生态服务单因子敏感性分析</td><td>生态工程因子</td><td>如水库、水电站等工程因子</td></tr>
<tr><td>专门划定保护区因子</td><td>政策性专门划定保护区如水源保护地、珍稀动植物保护区等</td></tr>
</table>

（资料来源：阿特金斯《低碳生态城市规划方法》）

生态敏感性分析是基于生态自然要素评价（高程、水体、植被、灾害、坡度、坡向等），自然生态单因子敏感分析，生态服务单因子敏感分析（生态工程因子、划定保护区因子）三者叠加的结构，将研究区域划分为高敏感区、中敏感区、低敏感区。高敏感区不适宜进行土地开发建设，主要作为城镇生态涵养用地；中敏感地区原则上要注重开发强度与密度，同时注意加强周边生态环境的保护工作，同时预留和维持城镇公共生态廊道、城镇景观格局；低敏感性地区主要是用于城镇开发建设的区域，从用地地形地貌、地质条件及生态元素等公共方面都比较适合老年宜居城镇建设。

（2）用地适宜性分析

用地适宜性分析主要解决的是明确研究区域的可建设及可利用程度。用地适应性分析的研究基础基于生态敏感性分析结论。可开发建设区一定是生态敏感性相对较低的地区，但低生态敏感区不一定适合开发建设，因此除生态敏感性分析外，还需要考虑对开发建设而言非常重要的开发优势条件和开发限制条件的分析。用地适应性应该是生态敏感性、开发优势分析和开发限制分析综合叠加归纳后获得的分析成果。（表 2–2）

用地适宜性分析表 **表 2–2**

名称	因子描述		备注
生态保护因子	综合生态敏感性	根据生态敏感性分析结论进行综合归纳叠加	评价因子将会因研究区域基本情况以及开发类型的不同而有所增减或改变。权重值采用专家评分法确定，分值也将针对具体项目具体调整
	农地保护因子	基本农田、优质园地、一般农田、建设预留地等	
	专门划定生态林保护因子	政策性专门划定生态林保护区	
	专门划定生态保护区因子	政策性专门划定保护区如水源保护地、珍稀动植物保护区等	
开发优势要素	城镇与区位因子	距核心区的距离	
	交通因子	距高速公路、铁路、轨道交通出入口的距离	
	建设规划因子	已批复法定规划，以及在项目基地内或周边的核心或重点项目	
	历史人文因子	历史古迹、古典园林、宗教文化场所、民俗风情村落	
开发限制性要素	地形因子	地势及坡度	
	地质因子	地质灾害区	
	基础设施防护因子	高压走廊等开发限制因素	

（资料来源：阿特金斯《低碳生态城市规划方法》）

2.2.2.3 生态安全模式构建

（1）生态斑块的识别及廊道构建

生态斑块是城镇生态系统的重要载体，生态网络的构建实质上是将植被、河流、农田等分散孤立的要素通过线性廊道联系在一起，形成综合的、有一定自我调节能力的自然生态体系。根据不同斑块的特征及其服务功能的不同，主要关注的生态斑块一般为生物栖息地、水资源保护地、特别地类及珍稀植被保护区、地质灾害风险识别区，以及景观资源分布区等。生态廊道是生态安全模式构建中非常特殊的元素，它可以同时起到分割与联系的作用。通过分别对各斑块与廊道进行综合评价与优化配置，使分散的、破碎的斑块有机地联系在一起，使其成为重要的生物栖息地及生态涵养区，为物种扩散提供必要通道，以维持区域景观及生物多样性，形成人类开发与自然演替的良性互动关系，以及与城镇发展间的协调互补关系，降低开发建设对生态环境的影响。

（2）城镇发展空间预判

生态功能分区是从生态角度来指导城镇开发的一个重要步骤，它与后续城镇产业布局、绿地系统规划、城镇空间形态都有着密切的关系。城镇空间发展预判根据生态敏感分析及用地建设适宜分析分为生态涵养区、控制发展区、适度开发区、适宜开发区。

生态涵养区：植被覆盖高、类型丰富、生物多样性高、人类干扰少、未进行人工干预的自然保护区、湿地和成片林地草地构成的生态保护区是维系区域生态系统健康的基础，具有重要的生态支撑作用。

控制发展区：控制发展区是区域发展的主要生态景观区，通过低密度开发，增加了人类亲近自然的机会，同时又不会对生态环境造成过大的负担，产生明显的影响。

适度开发区：比较适宜建设，但仍需适当地控制其开发量。

适宜开发区：该类发展区域对应生态功能分区中的适宜开发区。该区域生态敏感性低，同时地块适宜大面积开发建设，比较适合考虑集中的高密度开发。

（3）生态模式构建

针对城镇发展过程中所涉及的不同生态问题进行分析和诊断，并通过对城镇自然地理条件、地质灾害、资源环境条件的系统分析，判别出维护上述不同安全过程的关键空间格局。通过这些不同安全过程科学合理地叠加，构建具有综合生态保障功能的城镇发展格局。同时基于城镇生态安全模式提出城镇空间形态及土地利用方式等规划策略。借助生态安全模式而规划的城镇功能和空间布局，可以有效避免城镇的无序开发和蔓延，增强城镇生态承载力，强化城镇的生态功能和生态服务保障体系。

2.3 交通出行空间

城镇交通体系是老年宜居城镇的关键因素，强调适用和可支配。城镇交通网络连接贯穿每个活动的领域，担负着老年人在城镇中参与社会、出行活动和获得医疗服务等功能，涵盖基础设施设备、交通工具和交通相关服务等各个方面。城镇的交通网络涉及的主要工具包括：电车、公共汽车、穿梭巴士和小型公共汽车、社区运输服务、出租车和私家车等。老年人的出行方式更偏重公共交通和慢行交通[①]，同时还需要微型的交通网络应急、衔接、填补空白作为补充。在国际范围内，公共交通和慢行交通也是提高老年人出行质量的重要发展方向。在我国，老年人出行的主要方式包括公交车、自行车或者代步车、地铁和出租车。根据《2016 年老人出行习惯调查报告》显示，在被调查的出行老年人中，有 56.36% 主要依靠公交车，20.59% 主要依靠自行车及老年代步车，19.41% 主要选择地铁出行，10% 的老人平时选择出租车出行。

老年宜居城镇建设，要优先考虑适合老年人需求的步行和自行车出行方式，全力保障公共交通，引导控制小汽车交通。通过发展慢行交通，支撑生态老年宜居环境建设，使慢行交通成为老年宜居城镇的重要交通方式。

2.3.1 公共交通

2.3.1.1 公交出行

几乎所有的城镇都有城镇公交车服务，但这并不意味着城镇公交车系统能够涵盖城镇的所有区域，即使在许多发达国家的城镇公交车系统也存在问题。结合 WHO 对于各个国家的调研及不同国家老年人的问题反馈，总结归纳城镇公交出行的考量因素，主要包括：可负担性、可靠性、可达性、无障碍性、安全舒适、良好的服务。

（1）可负担性

公交车的可负担性被认为是老年人使用城镇公共车的重要因素，重点是为老年人提供了免费或部分资助的公共交通工具。例如在日内瓦，政府为老年人提供了专门的免费公共交通工具。在邓多克，75 岁及以上的人有资格获得陪伴通行证。然而，在一些城镇，公共交通的花费被认为太高了。东非内罗毕的老年人抱怨当天气恶劣、公共假日和运营高峰时间段公共运输价格会大幅上涨。另外，老年人补贴或免费票的申请比较困难也被提及。在日本姬路、新德里等城镇免费通行证的申请资格年龄设定得太高，老年人免费通行证的申请过程过于繁琐，甚至在里约热内卢，公共交通不提供给在贫民窟居住的老年人使用。城镇的建议者普遍反映还应该加大对老年人提供额外的免费运输或费用补贴的力度。

---

① 人民网 . 滴滴发布老年人出行习惯调查报告：近两成老人遇出行难时放弃出门 . [DB/OL]. http://it.people.com.cn/n1/2016/0310/c243510-28189227.html.

（2）可靠性

具有可靠的公共交通服务被认为是一种老龄宜居城镇的特征。一些发达国家的老年人表示他们的城镇交通服务是不可靠的而且是高频率的，但是在某些城市，老年人反映城镇交通服务是不可靠的或者频率不高的，例如在伊斯坦布尔，老年人表示公交车出行频率不够，且等待时间长；在墨尔本，一些地区从星期六下午一直到星期一早上都没有公共汽车服务；在鲁尔大都市区，城镇与郊区公共交通不畅，夜间频率过低；在安曼和伊斯兰堡，公共汽车没有固定的时间表。综上问题可以看出，公交出行的频率、可靠性、持续性等因素是老年人公交出行的重点考虑因素。

（3）可达性

使用公共交通工具的可达性很大程度上取决于老年人能否顺利到达想去的目的地。很多城镇的老年人反映，他们所在城镇的公共交通服务有良好的覆盖范围，使人们能够到达他们所期望的目的地。但在一些城镇某些公共区域没有被公共交通线路覆盖或者公交衔接系统差，老年人的出行受到一定程度的制约。此外，还有一些城镇没有很好地覆盖老年人想去的目的地，例如在邓多克，公共汽车无法到达养老院；在马亚圭斯，到达老年人中心的公共交通是不足的。

（4）无障碍性

具有无障碍的公共交通设计被认为是一种老年宜居城镇的特征。上车和下车是老年人比较关注的主要问题。例如，在乌迪内年纪较大的人反映，由于上公共汽车需要迈上过高的台阶，所以登上公共汽车是很困难的；在新德里，老年人指出在公共巴士上公共汽车路线号码显示得不清楚；在拉普拉塔，老年人对一些巴士车年久失修乘坐时过于颠簸表示担忧。一些区域的公共交通工具专门为老年人调整了交通工具的设计：在萨尼奇，专门增加了一些具有无障碍扶手设计的公共汽车；在乌代布尔，有一种可以自动放下无障碍台阶的公共巴士，有效地避免了公共交通工具过高的上车台面给老年人带来的障碍。

（5）安全舒适

安全感对老年人使用这些服务的意愿有显著的影响，在一些城镇公共交通是安全的。例如，在墨尔本和莫斯科，公共交通被认为是安全的。然而，即使在一些人认为公共交通安全的城镇，仍然有建议者提出采取措施进一步提高安全性。在许多公共交通存在安全问题的城镇，主要是被反映出经常发生偷窃或其他犯罪行为。在许多大型城镇，特别是在上下班的高峰时期，公共交通的拥挤也容易引发安全问题，这一问题尤其在发展中国家更为普遍。例如，在牙买加，公共汽车和巴士过度推挤使老年人在上车下车时非常容易受伤。在莫斯科，有人指出拥挤的火车站使老年人呼吸都非常困难。在一些发达地区，如邓达克、波特兰和萨尼奇，也提到了与拥挤有关的公共交通问题。但是在一些城镇，公共交通过度拥挤的问题通过采取相关措施或者其他方式情况有了显著的改善。例如在图伊马济，高峰时段会提供更多的公共汽车。在萨尼奇，有专门的信息提示引导老年人在高峰时间以外使用公共交通工具。

（6）良好的服务

使用公共交通工具困难的老年人需要特别照顾。在发达国家的一些城镇，老龄宜居城镇的服务经常被提及；但在一些发展中国家的城镇却很少有适合老年人的服务。建议者提出相关部门应该注意为老年人尤其是有特殊需求的老年人提供特殊服务。例如，在里约热内卢，看护者提到出租车是身体残疾的老年人唯一可使用的公共交通工具，但是他们的轮椅却不能进入汽车。为老年人提供优先座位和乘客自觉地对于老年人的礼貌谦让也被当作另外一种重要的特别服务。在一些城镇，如伊斯兰堡，乘客很尊重老年人并且大部分公共交通都为老年人提供优先座位。司机文明礼貌服务也被认为是一种老龄友好城镇的特征。在里约热内卢，许多中产阶级的老年人乘出租车或地铁而不选择乘坐公共汽车，是因为某些公交驾驶员恶劣的服务使老年人害怕坐公共汽车。总结归纳如表2–3：

城镇公交出行考量因素表 表2–3

序号	因素	目的	措施
1	可负担性	降低出行的费用	①老年人乘坐公交车免费或者部分政府资助； ②陪伴者乘坐公交车费用补贴； ③降低优惠限制范围，简化老年人优惠证明申请程序
2	可靠性	准确的运行时间和高频率的运行次数	①增加公交车运行次数，缩短等待时间； ②保证稳定公交车运行频率，尤其在夜间、周末； ③配有固定的公交车时间表、明确的更新信息
3	可达性	顺利到达老年人想要去的目的地	①提高公共交通的整体覆盖率； ②注重公交车与其他交通工具的衔接； ③增加老年人出行频率高的目的地的公交车覆盖率
4	无障碍性	减少老年人出现乘车困难，增加便捷性	①避免不合理的公交车上下车台阶； ②车内增加无障碍设施：无障碍扶手、无障碍座椅； ③公交车配有清晰的路线图、到站提示、下车提示； ④公交车保持稳定的运行状态，避免颠簸、急刹车
5	安全性	保障老年人人身不受伤害	①公交车内预防犯罪事件发生，包括偷窃等； ②公交车避免过度拥挤，拥挤会导致老年人上车下车容易受伤，还会造成老年人呼吸困难

续表

序号	因素	目的	措施
6	良好的服务	给老年人提供特殊的照顾	①公交车内提供轮椅放置区域； ②公交车提供老年人优先座位； ③鼓励公交车内乘客对于老年人礼貌谦让； ④公交车驾驶员文明礼貌和驾驶技术要求

（表格来源：自绘）

2.3.1.2 其他交通工具及设施

（1）停靠点和车站

完善设施条件和恰当位置的交通停靠站及车站是保障老年人出行的必要条件之一。许多建议者认为火车站和公共汽车站等大型公共交通设施应该带有无障碍的坡道、自动扶梯、电梯、公共厕所并且配有清晰可见的标志。在东京，老年人和看护者赞成在地铁站安装无障碍电梯。

在许多城镇，老年人反映停靠站和车站的设施条件和位置需要改进。在上海，老年人和看护者希望在停靠站提供长椅、遮雨棚和照明设施。在圣约斯，交通停靠处和车站缺少应对恶劣天气的避难所。在东京，人们指出由于街道很窄，在公共汽车站放置的长凳造成残疾人很难在周围移动。在波特兰，老年人希望在停靠站和车站设立便捷通道，从而避免停靠站和车站的位置不合理给老年人带来的一些障碍。在世界其他城镇还会出现诸如老年人反映公共汽车车站之间的间距过大，公共汽车站必须横穿大路才能到达，公共汽车站设立的位置离他们的居住区太远等各种问题。

（2）出租车

在一些城镇，出租车是老年人尤其是不方便自主行走的老年人重要的交通选择。多数城镇出租车司机对老年人的服务很周到，大多数出租车司机会主动给老年人提供优质和便捷的服务。老年人乘坐出租车要在他们负担得起的范围内的，如政府给老年人乘坐出租车折扣价格或者提供的士补贴。

老年人在乘坐出租车的过程中也暴露出许多问题，其中最为严重的问题是很多老年人认为出租车缺乏运载轮椅、助行架等器材的空间和缺乏相应的无障碍设施。

（3）老年人自驾

老年人自驾作为一个重要的老年人出行的选项同样受到关注。在一些发达国家，老年人自驾是很普遍的一种选择。例如，在梅尔维尔一些老年人认为自己驾驶汽车是一种非常方便、快捷的选择。在庞塞，由于公共交通有限的运输能力，汽车被视为必要的交通工具。在许多城镇老年人自驾会遇到很多障碍，这些障碍主要包括交通拥挤、道路条件恶劣、道路照明不足、标志模糊或定位不当、道路交通管理混乱等。除了道路管理设施方面的问题，来自其他驾驶员素质的问题也经常被提及。在乌迪内，老年人反映当地的司机经常不遵守交通规则，从而使老年人自驾的危险性大大增加。在拉普拉塔，老年人司机反映经常因为开车太慢而被其他司机大声辱骂。在一些城镇，老年人担心放弃驾照会面临一些生活上的困难。为了确保一部分老年司机能够继续驾驶汽车，一些城镇专门为老年人提供驾驶车辆的进修课程和进行特殊的训练或者体检以保证他们能安全地驾驶上路。

（4）停车场

对于在目的地附近建筑物停车的老年人来说，他们希望得到优先停车的泊位和无障碍的配套设施。在世界上很多的城镇，商店都会给老年人优先提供停车位，居民区给老年人免费停车服务等。然而，在许多城镇，停车设施不足和昂贵的停车价格等问题给老年人带来了停车方面的障碍。例如，停车位紧张，没有足够的优先停车位留给老年人；停车位宽度设计得不合理，给使用轮椅的老年人造成很大障碍；还有的表现为停车场设置在建筑物比较远的地方，老年人无法在建筑物附近停车。总结归纳如表 2–4 所示：

其他设施与工具反馈问题表 表 2–4

序号	设施与工具	反馈问题
1	车辆停靠点或者车站	①提供应对突发状况的避难所； ②方便停放轮椅、助行架等器材； ③设置老年人便捷通道； ④避免车站间距过大； ⑤减少到达车站的障碍； ⑥尽量靠近老年人的居住区； ⑦加装无障碍设施
2	出租车	①价格可负担； ②提供周到的服务； ③提供运载轮椅、助行架等器材的空间； ④加装无障碍设施
3	社区交通	①增加社区交通的普及度； ②重点增加开通去往医疗点、超市等地点的免费社区交通
4	问讯处	①提供清晰的提示牌和时间表； ②提供如何合理使用各种公共交通的提示； ③注明哪些公共交通工具能够空间承载轮椅等器材

续表

序号	设施与工具	反馈问题
5	老年人自驾	①交通拥挤问题； ②道路条件恶劣问题； ③道路照明尤其是在夜间； ④道路标志提示不清晰、不准确； ⑤道路交通管理和对于老年驾驶员的礼貌谦让； ⑥对于老年人驾驶员的培训和体检制度
6	停车场	①老年人优先停车位； ②配备无障碍设施； ③停车费用可负担； ④加大停车位宽度考虑轮椅的使用； ⑤停车位距离目标建筑的距离不应过大

（表格来源：自绘）

2.3.2 慢行交通

2.3.2.1 老年人出行特征研究

老年宜居城镇慢行出行体系在整个交通出行体系中具有重要的作用。本次研究中慢行出行特指步行交通体系，主要是考虑到老年人的身体及生理状况，老年人出行主要考虑到步行，且出行特征也明显区别于一般的城镇群体。

（1）老年人步行出行特征研究

老年人在距离不远的情况下一般选择步行，研究通过对比 19 ~ 60 岁与 61 ~ 65 岁的老年人出行发现各自特征差异不大。老年人出行率略低于对比人群，且以步行方式为主，一般老年人一天的出行次数为 1.6 次，而且出行距离随年龄的增长而急速下降，出行次数也会相应减少。

老年人的步行出行目的有很多，有日常生活所需、旅游、购买医疗用品、锻炼等目的。其中大部分老年人步行以体育锻炼、休闲娱乐为主，占总出行量的 68% 左右，其次就是购物。而如今城镇中的道路是否满足老年人日常生活中步行的安全舒适度需求？什么样的街道设计可以让老年人在生活圈内自由行走？

（2）老年宜居城镇道路设施要点

首先，人行道是受到老年人普遍关注的问题，尤其是人行道的状况对当地老年人的步行有明显的影响。路面狭窄、凹凸不平、裂缝、高路堤、道路拥挤、过多的障碍物都是潜在危险，直接影响老年人在城镇中行走的安全与舒适。这其中就涉及老年人被迫与摊贩共用人行道，停放在人行道上的汽车迫使老年人在行车道上行走等问题。除了人为因素之外，天气可能会影响老年人在人行道行走的安全性，人行道的积雪会使老年人滑倒的风险大大增加。人行道配套设施简陋也会造成老年受伤行走不便，混凝土台阶是老年人跌倒的多发地点，缺乏适当的坡道是老年人出行的障碍，尤其对于使用轮椅或者助行器的老年人。

其次，老年人能否安全通过人行横道也是一个普遍关注的问题。人行横道路面、指示设施、人行横道通行方式都是直接影响老年人在横穿马路行走时的安全与舒适。老年人经常反映过马路时指示灯变化得过快，人行横道应该有一个明确的“倒计时”提示，以便帮助老年人判断他们是否有足够的时间通过。另一个问题是驾驶员没有给老年人让路，有关部门应该尽快规定一种专门给老年人提供的规范手势提示驾驶员主动让行。改善老年人安全通过人行横道的措施包括：专门为老年人过马路设置的交通灯；设置老年人的交通岛，避免过长的人行横道；为老年人设置防滑人行横道；修建大量过街天桥或者地下隧道来帮助老年人过马路；人行横道加入听觉提示信号或者在十字路口加入听觉和视觉结合的提示方式。

2.3.2.2　慢行出行城镇案例——New Westminster

具体如何营造让老年人可放心行走的城镇，本次研究以加拿大英属哥伦比亚省 New Westminster 为对象，研究的题目是如何形成让老年人进行自信、舒适、安全行走的街道。

加拿大老龄化人口的快速增加迫使设计者和管理者思考老年人生活的地区是否具备安全可达性。2004 ~ 2008 年，老年行人的死亡人数分别占加拿大全国范围内行人死亡人数的 35%，在交叉路口死亡的老年人占老年行人死亡总数的 63%。虽然这些数字只占加拿大老年人口的 13%，但是这个现象说明了加拿大仍然需要采取一些措施来为老年人提供一个安全的行走环境。为老年人提供安全及其他保障设施，可以在客观条件上保障老年人的安全性，同时也需要老年人自身提升安全意识。

为老年人提供安全的街道意味着要符合老年行人的独特流动性特征。与年轻的行人相比，他们的行走速度较慢，需要更多的休息时间，视力和听力都较差，他们在穿过街道时会遇到更多的困难。除此之外，还有 55% 的加拿大老年人身患残疾。在进行街道升级时，城镇的设计者和管理者应该充分考虑以上特征。

New Westminster 通过制定城镇规划策略、交通总规和社区计划来服务当地的老龄化人口。政府希望能通过实施这些改进措施来达到“提高老年人行走的安全性”目标。根据政府已经制定的相关政策，城镇交通规划师需要开展一系列项目来进行街道升级，从而为老年人提供安全和舒适的街道环境。这个项目以 New Westminster 的老年人聚集的上城区为研究对象，探索如何升级现有的街道，从而建造一个符合老年人流动性特点的街道。

研究小组根据当地的数据归纳出以下要点：老年人拥有独特的流动性特点，行走速度缓慢；较长的反映时间、缺乏耐力，需要定期休息；身体和认知障碍（包括视力和听力损失）。所以，需要平坦、宽阔和没有障碍物的人行道；较短的穿越街道的距离；在信号灯交叉路口有较长的穿越时间；行人和驾驶者之间有良好的视野范围可以互相看见对方；老年人能够识别地标、标志等信息。通过以上，得出以下结论：

（1）人行道升级

首先检查人行道表面是否宽阔、平坦、维护良好、有无障碍物，评估是否需要进行人行道的升级。项目小组在上城区发现人行道存在三类问题，分别为：人行道路宽有效宽度不够、有裂纹、道路弯曲、不平坦以及路面经常存在积水。人行道的"有效宽度"指的是人行道最窄处的宽度。根据 New Westminster 市的设计标准，该市的人行道最小有效宽度必须达到 1.5 米，但是考虑老年人有较多使用轮椅的情况，那么有效宽度应该调整为 2 米最为适宜。通过移除人行道上的一些障碍物或者扩展人行道宽度可以增加人行道的有效宽度。

（2）交叉路口的信号灯

交叉路口的信号灯应具备以下设施：无障碍行人信号灯、斑马线引导通道、路面触感指示器。根据研究统计，行人穿越信号灯交叉路口最大步行速度为 0.8 米 / 秒。但是在该地区，他们需要以 1.25 米 / 秒的速度快速行走。同时，交叉路口两个人行道之间的距离也应该尽量减小。

（3）街道走廊升级

项目小组建议优先对拥有较高老年行人流动量的街道走廊采取相应措施。6th Street，6th Avenue 和 8th Street 是在该地区需要优先升级的街道走廊。项目小组认为这些走廊应该具备以下原则：舒适的行走环境、完善的行人设施、安全保障性设计和老年人具有优先行走的权利。舒适的行走环境指的是宽阔和无障碍物的人行道，车辆行驶的地方和行人行走的地方由道路两旁的树隔离开来。行人设施包括行人休息区、带顶棚的公交车站和行人社交区。安全保障性设计包括充足的照明、无障碍服务设施、平坦的行走路面和安全的交叉路口。

目前，项目小组发现存在的问题主要有：人行道过于狭窄；人行道缺乏连续性；允许通过交叉路口的时间过短；交叉路口发生过交通事故（所有都发生过）；没有足够让行人休息的地方。

2.3.2.3 适老交通设计

优化街区路网结构。树立“窄马路，密路网”的城市道路布局理念，构建开放型城镇街区。以往的建设模式是宽路稀网，即所有道路承担所有功能；现在转向窄路密网，强调不同的功能有不同的交通空间分布，以有效挖潜窄路密网潜力。

公共绿色交通主导。加快推进绿色交通配套设施建设，倡导绿色低碳出行理念；针对老年人的需求，创新规划理念：实施公交慢行引导，提高公交线网密度和公交车站覆盖率及发车频率，乘车环境保证舒适、安全、便捷。

开展步行和自行车交通系统设计。提倡规划步行街区，适应老年人需求。步行交通系统中设置休息的服务设施，针对新出现的共享单车，提出管控措施和停车位规划指标。制定无障碍设施规划，实现无障碍设施的系统化设计。

2.3.3 微型交通网

“微型交通网”也是城镇交通网的重要组成部分，越来越多的老年人和城镇管理者开始关注“微型出行交通”。共享租车、包车、专车等服务已经随着近几年共享业务的飞速发展，在各个城镇十分普及。

对于老人而言便捷迅速的微型交通网络可以让养老生活更加便利，微型交通网络的优势主要包括：

①覆盖广：微型交通系统能够弥补公共交通不能覆盖的区域。特别是针对较远的郊区、大城镇周边小城镇等区域。

②效率高：微型交通系统能够有效应对老年人紧急出行、夜间出行；微型交通可以有效地帮助老人与目的地相互快速便捷地连接。

③服务优：人性化的订制服务为单独的群体提供服务，专为老人订制的微型交通服务能够给老年群体带来更加舒适的服务感受。

针对老年人的微型交通服务具有极大的市场潜力，针对各个国家老龄化加剧的现状，老人逐渐成为主要的市场群体。如何针对这个群体完善其日常生活的出行轨迹，这也是多数运输服务公司一直在探索和讨论的主要问题。当老年人在身体和认知衰退的情况下，在现有公共交通条件下可能极大地减少其日常生活的出行次数，从而也成了孕育社交隔离和身体、心理双重衰退的温床。当下，许多相关研究和实验正在全球各地进行，试图通过叫车服务作为公共交通网络的一种辅助工具。在各个大型城镇得以普及和运作之后，有更多的企业将老年群体定为未来发展的主要目标，近些年相关的各种专项服务也依托各地的微型交通服务商展开。

根据各个运营公司的数据统计表明：在发达国家的主要城镇中有很大一部分老年乘客使用微型交通网络。UBER 等微型交通服务商收集且记录了大量实用的数据信息和实践经验，并针对老年人提出了一系列专项研究。佛罗里达州的一家租车公司提供免费服务日给选择使用 UBER 和本地出租车公司的老年乘客运送到任意一个城镇公交车站。微型交通服务也可以提供类似公共班车的服务，既可以用于连接本地公交网络，也可以服务于指定目的地。它们可以为个人和团体提供订制交通服务。

虽然老年人的微型交通服务已经被认为是具有潜力的市场，但是这些服务不能完全取代公共交通网络。微型交通服务想要在老年市场获得更大的利益需要在如下的几个方面有所突破：

①保持竞争力：在没有大型的资金和补贴支持的前提下，微型交通服务很难保持与公共交通具有竞争力的价格优势。为了增加微型交通服务的竞争力，微观交通的费用必须针对大多数老年人，保持在大多数老年人可以选择支付的价格范围内，并且最好通过合作补贴使其保持与公共交通的竞争力。

②加强多方合作：构建具有差异化的老年人微型交通定制私人服务需要本地商业、服务、政府等相关机构积极参与到老年人微型交通合作中。不过目前在老龄化加剧的背景下，老年人逐渐成为各个市场上至关重要的服务群体。目前在符合相关法律和规定的前提下，社会活动部门、商业集团、医疗护理等机构开始逐渐寻求与微观交通服务公司的订制式合作。

③加强技术辅导：多数专车服务工具通常需要用户对移动网络和电子设备如手机等有一定程度的使用经验，对于不擅长使用移动网络和电子设备的老年群体来说，有必要增加专业的服务人员来帮助预定和进行流程确认。

归纳总结为老年人服务的微型交通网发展的主要目标是：

①满足老年乘客的日常需求的同时填补本地交通网络辐射范围，使其能更为贴切地为老龄化群体服务。

②建立与本地公共交通体系费用产生具有市场竞争力的价格体系，或者为老年人乘客提供一定程度的补贴。

2.3.4 构建外捷内缓的交通体系

我国老年人的出行方式选择行为具有以下特征：年龄在 75 岁以上，出行距离在 1 公里以内时，以及以购物娱乐和返程为目的的弹性出行者都比较倾向于步行出行；选择自行车或电动车出行的主要影响因素是家庭是否拥有自行车或电动车。对于年龄在 60 ~ 70 岁之间，出行距离在 1 ~ 5 公里，以看病为目的的男性老年人更倾向于选择公交出行；影响老年人出行选择私人小汽车方式的重要原因是出行者是否拥有驾驶执照①。

城镇交通网络是一个连接承载老年人在城镇中参与社会、出行活动和获得医疗服务等的功能。老年人的出行方式更偏重公共交通和慢行交通[39]，同时还需要微型的交通网络应急、衔接、填补空白作为补充。

以老年人的行为尺度、活动能力、心理特征等为出发点，老年宜居型的交通体系应具有以下特征：①安全性：伴随着老年人年纪的增长，健康程度会随之下降，对安全性的需求越来越突出，相比其他人群更需要在交通设施、工具、环境等方面提供额外的安全保障。②便捷性：出行交通方式覆盖广，衔接合理，尤其注意老年人所期望到达场所的可达性、考虑无障碍交通环境设计等要求。③舒适性：以人为本、尺度宜人、服务周到的交通体系有益于对老年人身心健康和通行品质提升。

通过对我国现阶段的老年人出行状况、结合现有的交通状况的充分调研深入研究，归纳构建——外捷内缓的老年宜居型交通体系。

①外捷：当城镇规模较大，老人从居住地到想要到达的目的地距离过远时，首先，加大城镇的公共交通体系的建设力度，有足够的公交车提供给老年人使用，增加公交车运行次数，缩短等待时间。保证稳定公交车运行频率，提高公共交通的整体覆盖率，增加老年人出行频率高的目的地的公交覆盖率，注重公交车与其他交通工具的衔接。

其次，着力发展城镇微型交通网络，如在公共交通无法满足老年人需求的地方和时间，利用城镇微型交通网来填补空白，增加便捷性和个性化服务，同时还能依靠城镇微型交通网络把城镇的养老服务有效地串联起来。同时注重出租车、私人巴士等其他交通方式的无障碍性，使使用轮椅的老年人及其看护者都能方便地乘坐，还为老年人自驾出行提供了保障。从而，打造多种选择方式、高串联度的、快捷的城镇交通体系。

②内缓：满足老年人以步行、自行车、电动车等方式为主的出行方式。内部交通组织应人车分流，保证老人在社区内能够安全地行走，不会受到机动车的干扰。主要车行道应简洁通畅、串联各功能分区，步行道路应尽可能呈环形

---

① 夏晓敬 . 老年人出行行为研究 [D]. 2015.

接通。慢行路线设计宜形成环路，转折点或终点需设标志物增强导向性，同时注意满足坐轮椅老年人的通行要求。道路网密度设计应考虑适于慢行，适当密集[①]；道路断面设计应减小机动车道宽度，增加人行道宽度，人行道与休息空间结合，提高休息设施布置密度[②]。

此外，老年社区的机动车交通时速应有所控制，参考国际经验值为 30 公里 / 时。环境噪声标准控制在昼间 55 分贝，夜间 45 分贝以内，营造适老、宜居、宁静、安全的生活环境。步行道路的坡道应满足无障碍设计的要求，坡度不宜大于 2.5%；当坡度大于 2.5% 时，变坡点应设置提示牌，并设置扶手，路面应采用防滑材料铺装，停车场应与住宅及主要配套设施实现无障碍连通。

将交通设施分为公共交通、慢行交通、无障碍交通、车行交通、停车设施及其他要素综合考虑，结合由基础到完善再到提升的类型划分提出以下交通设施规划设计要点（表 2–5）：

交通设施设计要点汇总表[③④⑤⑥] **表 2–5**

交通设施空间			
类型		类型划分	规划设计要点
公共交通设施	公交站点	基础型	城区公交站点 300 米半径覆盖率不低于 75%； 养老设施周边 200 米范围内有公交站点服务
	候车环境	基础型	公交站台无障碍设施达标率 100%
		基础型	乘车指引标志设计考虑老年人辨识能力
		完善型	公交站亭设置老年人候车专用座椅
慢行交通设施	步行道	基础型	整理既有步行系统，对接城镇开敞空间、重要节点、社区内部空间，建立连续的慢行系统
		提升型	提供不同长度和难度的老年步行环路选择及感官刺激，环路应串联老年人常去的活动地点，沿路设置视觉焦点和地面标识
		提升型	老年步行环路可利用铺地、照明以及植被形成明确而丰富的界面，提供不同层次的体验和感官刺激
		基础型	老年步行环路最小宽度为 1.2 米，满足轮椅使用者与步行者错身，其范围内不允许附属物或广告牌伸入
	慢行休闲空间	基础型	养老服务设施周边 450 米范围内有独立的慢行休闲空间

① 张丹 . 老龄化社会下的慢城式养老社区研究 [J]. 山西建筑，2014，40（9）:1–2.
② 李乃慧，王磊，范苑 . 养老社区规划研究 [J]. 建筑师，2013（5）.
③ 陈小卉，邵玉宁 . 发达地区养老服务设施规划的探索——以昆山为例 [J]. 现代城镇研究，2012（8）：13–20.
④ GB 50763—2012. 无障碍设计规范 [S]. 北京：中国建筑工业出版社，2012.
⑤ GB 50688—2011. 城镇道路交通设施设计规范 [S]. 北京：中国计划出版社，2011.
⑥ GB 50220—95. 城镇道路交通规划设计规范 [S]. 北京：中国计划出版社，1995.

续表

交通设施空间			
类型		类型划分	规划设计要点
慢行交通设施	为老环境	基础型	慢行空间无障碍设施达标率 100%
		基础型	慢行通道沿线休憩设施间隔宜为 200 米一处，实施困难的区域不应超过 450 米，且座椅布局满足社交需求
		基础型	主、次干路交叉口安装行人过街音响信号装置
		完善型	在社区主要道路及入户区域提供足够的夜间照明设施，并设置明显的交通标志
无障碍设施	无障碍设施	基础型	已建道路、广场等公共空间及养老服务设施的无障碍改造率不低于 70%； 优先改造社区单元出入口、养老设施周边、活动场地区域，打造连续的无障碍交通系统
车行交通设施	出行安全环境	基础型	主干路以上快慢交通需设置隔离设施； 红线宽度 40 米以上道路设置行人二次过街安全岛； 优化既有社区道路结构，尽可能地实现最大程度的人车分流； 加强社区及养老服务设施，周边道路车速限制（≤ 30 公里 / 时）
停车设施	停车设施	基础型	增设固定的老年人车位及轮椅车位，并靠近老年人活动场所
		基础型	轮椅使用者停车位宽度不应小于 3.5 米，并应与人行道衔接，设置国际通用标
		完善型	在单元出入口增设助力车专用停车空间，有条件的可增设雨棚
其他要素	交通指示系统	基础型	公共空间交通指引标志全覆盖，并考虑老年人的辨识能力
	交通优老政策	基础型	完善交通费用、出行秩序、座位享有、车辆驾乘等优老政策

2.4 养老服务设施空间

2.4.1 养老服务体系分类

我国目前广义的养老服务设施体系包括了机构、社区和居家养老服务设施、为老服务设施以及老年宜居社区三大类[①]。

机构养老服务设施包括供养型和养护型两类；社区养老服务设施主要指社区日间照料中心。居家养老，主要以上门服务为主要形式，设施依托日间照料中心。我国以往的规范中为老年人提供照料的机构与场所，笼统地归纳为养老设施。目前也将提供照料服务的养老设施称为老年人照料设施，以强调其专业

① 陈小卉，邵玉宁 . 发达地区养老服务设施规划的探索——以昆山为例 [J]. 现代城镇研究，2012（8）：13-20.

照料和护理服务的特点，常见的养老设施名称及相互关系[①]参见表 2-6。

养老设施名称及相互关系 表 2-6

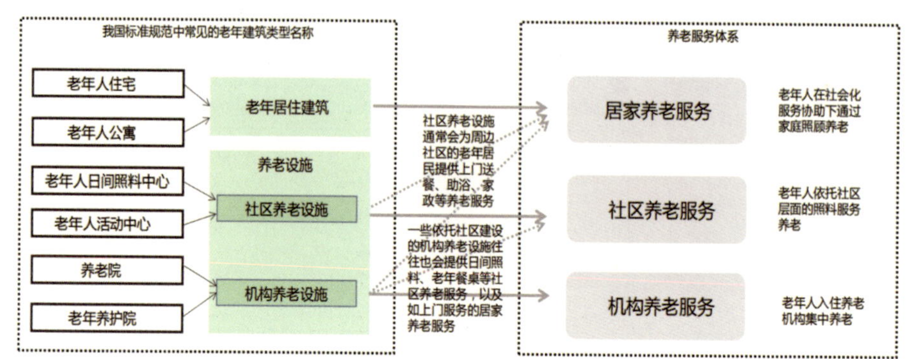

（资料来源：周燕珉 . 老年住宅 [M]. 北京：中国建筑工业出版社，2011）

为老服务设施是指为保障老年人生理与心理健康、满足其精神生活和文化游憩生活等需求的设施，主要包括医疗设施、教育设施、文体设施、交通设施和游憩设施五大类。

老年宜居社区是发达地区养老服务设施体系的组成部分，主要类型包括一般居住社区、老年公寓、银发社区等。近年来我国养老社区开发建设十分火热，市场上出现了大量项目，可以归纳为如下三大模式，参见表 2-7。

新型养老服务社区建设模式归纳 表 2-7

模式一	模式二	模式三
全龄社区配建养老产品	建设综合性养老社区	既有社区中插建、改建养老设施
通常是在开发普通居住区时划分出用地来配建一定比例的养老产品。具体的产品类型和配建形式可根据项目定位来灵活选择，例如可以配建专门的老年人住宅或老年人的独栋公寓或者养老设施。这样的社区不仅面向老人，也面向各个年龄段的居住群体，是一个全龄化社区	这类社区是指专门面向老年人的，包括了老年人住宅、老年人公寓、养老服务设施等各类产品及相关的医疗、娱乐等服务配套设施在内的综合性养老社区。其特点是能够满足老人从自理到需要护理各阶段身体状态下的照护需求，与国外的 CCRC（持续照护退休社区）相似	利用既有社区中的空闲用地或闲置建筑进行插建或改建，使其成为可向周边老人提供养老服务的社区养老设施，例如日间照料中心、老年助餐点、托老所、老年人活动站等。根据周边社区老年人的实际需求，以及项目的建设条件，设施可以是多功能复合型的，也可以是单一的，但是通常规模都不会太大

（资料来源：周燕珉。老年住宅 [M]。北京：中国建筑工业出版社，2011）

我国目前已经逐渐形成了“9073”的养老格局，即 90% 的老年人选择居

① JGJ 450—2018. 老年人照料设施建筑设计标准 [S]. 北京：中国建筑工业出版社，2018.

家养老，7% 的老年人选择社区养老模式，3% 的老年人选择机构养老[①]。目前，我国的养老服务体系可以概括为：居家为基础、社区为依托、机构为补充、医养相结合的养老服务体系。

"十三五"期间国家老龄事业发展养老体系建设主要指标[3]为：2020 年老龄事业发展整体水平明显提升，养老体系更加健全完善，及时应对、科学应对、综合应对人口老龄化的社会基础更加牢固。其中：①多支柱、全覆盖、更加公平、更可持续的社会保障体系更加完善；②居家为基础、社区为依托、机构为补充、医养相结合的养老服务体系更加健全；③有利于政府和市场作用充分发挥的制度体系更加完备；④支持老龄事业发展和养老体系建设的社会环境更加友好。

2.4.2 养老体系的需求及问题

2.4.2.1 国外养老模式借鉴

目前，世界范围内养老模式的发展较为成熟的有欧洲、北美、亚洲等地区，根据区域发展背景及文化基础，形成三种独特的养老模式，在不同程度上对我国养老方式的探索都有一定的借鉴意义。

（1）美国市场化运营为核心的老年社区居家养老模式

美国养老经过几十年的探索逐渐形成了以太阳城为代表的高度市场化城镇养老模式，典型的特点为养老社区及城镇规模较大、公共服务设施配套较为齐全、内部具有较为开阔的绿化空间及运动场所、注重老年人的公共交流。

（2）德国全龄社区混龄居住养老模式

德国养老模式经过几代的发展形成了社区"公共服务设施"、"公共开放空间"及"具有吸引力的居住形式"等多样化特征，满足全龄社区中居民需求的整合与优化的发展模式，让居民在熟悉的生活环境中养老。

（3）日本从机构回归社区的亲情互助养老模式

日本养老模式的特点基于其独特的国情及亲情文化。作为亚洲养老模式的典范，推崇小规模、多技能的社区养老，专门加强了入住照顾服务、白天的日托服务和居家上门服务，同时满足与家人共同生活的两代居住养老模式。

美国、德国、日本等发达国家，都经历了从机构养老回归居家养老的经历。

随着科技的进步和社会化服务的发展，过去在养老机构可以获得的养老服

---

① 新华网．三问中国养老"9073"格局"及人之老"如何实现？[DB/OL].http://www.xinhuanet.com//2017-01/05/c_1120252447.htm.

务，如今居住在家中就可以获得。

老年人的养老观念和需求发生转变，个性化、多样化的养老需求，更适合在家中得到满足。

随着老龄化的不断加剧，机构养老会使城市建设用地供应和养老服务提供的需求不断增加，对政府的财政支出造成压力和土地支撑压力。

2.4.2.2　我国现有养老模式

近些年，中国老年人的养老模式正在从传统的家庭养老向家庭养老和社会养老模式相结合的模式转变。造成转变的原因与人口、家庭结构、生活方式变化有关，同时也与老年人的主观养老意愿发生变化有关。

（1）子女数量下降，传统的家庭养老模式难以维系。长期以来，中国老年人家庭养老的参与者主要是老年人的子女或者配偶。但是随着老年人的子女平均数量变少，子女的抚养负担会相比较之前加重，当达到一定临界点时，传统的居家养老模式将无法维系。

（2）城镇老年人越来越倾向于与子女分开居住。通过中国老龄科研中心2000年、2006年和2010年的三次全国老年人状况的追踪调查数据可以看出，越来越多的中国城镇老年人选择与子女后代分开居住，同时即使在目前与子女同住的老年人中也有相当一部分老年人有意愿与子女分开居住。

（3）城镇的老年人更趋向于入住养老机构。根据中国人民大学2014年的中国老年社会追踪调查数据[①]，城镇老年人更趋向于独立居住或者入住养老机构。其中，70岁以下城镇低龄老年人打算入住养老机构的比例达到8.2%，收入较高的城镇老年人有意愿入住养老机构的比例达到12.7%。

（4）选择异地度假养老的老年人越来越多。随着中国经济的快速发展，老年人的消费观念与消费结构也在不断地丰富和发展。在退休之后享受旅游养生、异地养生的生活方式被越来越多的老年人所认可。这部分群体以低龄、健康、经济条件好的老人为主。据统计，2014年11月海南省有异地养老人群40万，其中19万都来自哈尔滨[②]。2016年夏季到黑龙江省休闲养老、养生的外地老人比2015年增长30%以上，总数超过100万人[③]。

这些新的需求的变化，导致目前我国养老服务出现了许多亟待解决的问题：

---

① 孙鹃娟，沈定．中国老年人口的养老意愿及其城乡差异——基于中国老年社会追踪调查数据的分析[J]. 人口与经济，2017（2）:11-20.

② 黄诚．候鸟老人养老服务需求特征研究——基于对海南三亚的问卷调查分析[J]. 中国市场，2015(21):99-101.

③ 符天俊．多要素融合发展，构建产业竞争力——海南省“候鸟型”养生养老产业项目建设的思考[J]. 中国工程咨询，2017（8）:44-45.

（1）我国养老服务床位供不应求和养老设施床位空置现象并存。我国养老设施的床位总数虽然逐年上升，但是床位空置率也逐年在上升，尤其是在大城市的中心地区，出现了养老院、养老设施供不应求的严重情况。而在城镇周边区域新建的养老院由于距离城镇中心居住区太远，缺乏完善的医疗和服务设施无法吸引老年人入住，空置率很高。而某些城镇的管理者过度强调养老设施床位的指标性建设任务，单纯地把“床位数”作为政绩考核的标准，只是片面地追求建设速度。

（2）民办养老机构及服务的管理运营能力与营利能力较弱。我国民办养老机构的管理运营能力普遍较弱，机构命名混乱，服务针对性差，没有准确的定位，缺乏足够的资金、设施与人员投入，管理服务水平较低，硬件服务设施建设跟不上，社区与居家养老服务机构数量与能力发育不足。老年人真正有效利用的社区养老服务设施的比例很低。

（3）养老机构及服务对于低龄老年人吸引力不足。忽视了我国有意愿进入养老机构的老年人中有很大比例属于低龄老年人，其生活自理程度较高，大多尚不需要入住养老机构接受医疗服务，而倾向于护理和其他综合方面的服务。而我国养老服务设施对于这部分老年人的吸引力是不足的（表 2–8）。

不同年龄阶段老年人的身体状况分类比例　　表 2–8

年龄 \ 身体状况	完全自理	部分自理	完全不能自理
60 ~ 69 岁	90.13%	9.01%	0.86%
70 ~ 79 岁	78.52%	19.23%	2.25%
80 岁以上	55.08%	38.42%	6.50%

（资料来源：第四次中国城乡老年人生活状况抽样调查）

（4）区域整体协调发展差，农村养老服务体系滞后，农民养老服务现状堪忧。缺乏长远和深入的考虑及统筹协调发展，导致我国城镇和农村的养老服务体系发展存在巨大差距。农村的养老设施和养老服务相比较城镇而言设施严重滞后，而且城镇的资源没有有效地辐射到周边的城镇和农村地区，导致区域整体发展的不均衡，养老体系资源和压力都过度集中于城镇的中心地区。

究竟怎样的养老服务模式才能使我国老年人真正自由地享受自己的养老生活？我们可以参照一下国外发达国家的案例，从中得到一些启示。

与国外养老模式从机构向家庭的回归不同，我国养老还处在初期阶段。根据新浪新闻和零点研究咨询机构调查得到的数据，老年人对居家养老（27%）

和机构养老（25%）的需求大体相当，居家养老目前在一些地区存在一定的困难。特别是特大城市，由于老人的子女工作上的压力、老人子女的孩子抚养付出的精力和花费比一般城市要大，加之特大城市的房价较高，让老人改善住房难度很大。同时，目前的社区养老服务与老人的需求还有一定的差距，使得居家养老还存在一些难题，北京和上海等地也在积极探索适合超大城市的养老模式，现已积累了一定的经验，并且还在不断完善。

2.4.3 构建多层级互助式养老服务体系

2.4.3.1 多层级互助型养老体系

养老服务设施体系的构建是“老年宜居城镇”打造的基础，老年宜居城镇对于城镇的养老服务体系要求更高。围绕我国现阶段“居家—社区—机构”养老服务体系积极探索深化改进和创新，加强统筹养老设施的资源配置，着重提高养老服务设施配置，挖掘养老设施的潜力尤其是激活民营养老机构和服务。同时，还要充分发挥老年人群体的主观能动性，系统、完善、覆盖城乡的养老服务设施体系构建将老年宜居环境建设疏通养老服务设施体系末端配置，增强养老服务体系的多样性和包容性，注重搭建与多种服务商合作的平台，促进社会各界力量助力养老服务体系的建设。

以老年人的需求为出发点，老年宜居型的养老服务体系应具有以下特征：（1）系统性，统筹城乡发展，逐级、均等配置公共服务设施。做好衔接，完善组团级、村级老年人设施配建，结合现有空间体系分为“镇级—社区级（村级）—组团级”三级，对城乡养老设施进行均等化配置。重视农村养老服务设施建设，在农村配置敬老院、老年进修班、文化活动站等村级养老服务设施，并结合农村改造打造田园式农村老年宜居社区，形成城乡全覆盖的养老服务设施体系。（2）适老性，以老年人的生理及精神需求为出发点，增加为老服务设施、老年宜居社区等内容，并重点配置老年专享设施，包括护理院、特殊护理院、老年专科医院、老年大学、老年学校、老年进修班（含农村）、老年活动中心、老年活动站（含农村）、老年公寓等。（3）互助性，考虑我国未来劳动短缺及养老需求的互助型转变，可适当突出城镇的养老主题功能和养老服务的互助性，有条件的地区可根据自身情况打造一定比例的互助型居住单元。

结合我国养老体系现状及国内外优秀案例研究，归纳构建多层级互助式的老年宜居型养老服务体系。

（1）多层级，是指基于服务基层、分级衔接的网络化模式的养老设施体系。

首先，要加强基层养老服务设施建设，尤其是为老服务设施的建设。目前我国缺少关于为老服务设施体系下养老服务体系构建的相关研究，为老服务设施构建是老年体系构建的重要内容。尤其是社区养老和居家养老设施空间的适老性建设，决定了居家、社区养老的质量。社区养老服务体系的适老性建设，涵盖适应老人身体状态各阶段的连续服务——预防性服务、支持性服务和保护性服务，同时包括社会服务。为老服务设施体系是对“居家—社区—机构”现有社会养老服务体系的补充和完善，是解决我国城乡养老问题的理性选择。为老服务设施体系是以一个重要养老服务综合体为中心，以其他服务机构为辅的分层级的体系，是应对养老设施需求更为紧迫的现状，更科学地分配资源、完善养老服务设施功能细分化。

其次，完善各个基层养老服务设施之间、各个基层养老服务设施与上一级的养老服务设施的衔接。这是养老服务设施体系发展的关键，也是养老服务设施体系打造的重要内容，尤其是农村偏远地区养老服务和城镇养老设施体系的衔接建设刻不容缓。养老服务设施体系的构建既要与“市级—片区级—街道级（镇级）”城镇养老服务设施体系做好衔接，又要与现行居住区规划规范做好衔接，完善组团级、村级老年人设施配建，对城乡养老设施进行均等化配置。重视农村养老服务设施建设，在农村配置敬老院、老年进修班、文化活动站等村级养老服务设施，形成城乡全覆盖的养老服务设施体系。

（2）互助式，鼓励发展我国养老服务中的参与精神、尊重和宽容，尤其是注重培养老年人作为养老服务体系的主要参与者的主观能动性，鼓励发展我国老年人的社区公共意识，提倡老年人作为养老服务体系的志愿者加入到整个服务体系构建中，打破非成员非亲缘关系社会养老界限，借助社会资源解决家庭压力，实现老年人之间的互助交往，共建新型的互助式养老服务体系。这种由老年人被动地接受服务，到基于“互相帮助”基础上的老年人自发参与，是未来养老服务体系的主要转型发展方向。

2.4.3.2 国外社区互助网络借鉴

一些国家选择居家养老的老年人比例非常高，其中英国为95.5%，美国为96.3%，日本为98.6%，菲律宾为83%，越南为94%[①]。家庭养老、居家养老和机构养老是发达国家的主要养老方式。值得注意的是在国外养老服务系统中还包含社区服务，连接社区服务发达的地区能形成养老服务网络，一般称为“老

① 符敏．国外养老模式研究[J]. 魅力中国，2013（19）．

年人社区互助网络”。社区互助网络模式源于20世纪50年代的英国，随后被众多的欧美发达国家所借鉴，成为解决目前养老问题、养老服务体系改进的首选模式。

社区互助网络是建立在较为完善的社区服务、社区互助组织和互联网基础上的复杂系统。社区互助网络在美国开展得也比较早。养老网络社区作为居家养老的社区辅助工具已经在美国各个州县广泛发展，通过会员制、志愿者、分包商和服务供应商的联系模式，为选择居家养老的老人提供了较为全面的生活辅助措施，同时通过各种志愿活动增强其所在养老社区的凝聚力。

历史上第一个养老网络社区诞生于1999年的波士顿灯塔岭 Beacon Hill Village，它的成功和迅速扩张证明了老年群体对相互支持，共同打造积极老年社区的强烈愿望。

从最初单个的互助型社区到后来依托“Village to Village Network”网站迅速向全美国蔓延，“灯塔岭社区”并不是传统意义上的村镇或社区形式，它是一个由老年人自发组成且较为松散形式的非营利组织。它试图通过非医疗、日常生活辅助服务的手段来完善老年人的养老生活。

灯塔岭模式最初就是想构建一种新的养老服务模式。首先，成员们必须自身全部同意“互相帮助”，论从可以依靠自身能力的“小事”，到帮助别人提供线索来解决“大事”。社区收取每人每年675美元的费用，提供相应的杂货店购物、宠物护理、一般家政、小型维修等服务。其次，社区组织还帮助老年人进行社交团体的日常规划。最后，对于一些更大的相关服务包括健康咨询、照护和财务管理的问题，社区则提供一份经过审查并值得信赖的服务商名单，部分服务商会为社区成员提供相应折扣。同时，他们还提供经过培训和运输服务，运送需要特别照顾的老人。他们会帮你开车去买日常用品，甚至还承接一些紧急医疗运输服务，经过严格审查的司机会负责老年人的接送。在“灯塔岭”社区生活的最为至关重要的元素就是“乐趣和放松”。2002年灯塔岭社区首次开始向公众开放，开始建立基础会员制度和供应商承包商的联络系统。

“Village to Village Network”网站的迅速推广，让其闻名于整个国家，但是却没让其会员数量得以快速增长，很大一部分原因是其基础设施和框架还没有完全构建完成。其实从目前来看，“灯塔岭”模式并不算完美，而且受众群体大都限制在城镇居民，阶级多数为具有一定排外性的中产阶级。但是，由于它的出现和发展我们更加注意到过去养老服务模式中所忽略的“自发性”、

“互助性”、“层级性”，它的迅速传播也证明了其确实满足了当下老年群体内心所期望的愿景——作为一个自由、放松的人来度过一生，而不是被当成被照顾对象一样看护在一片无形的牢笼之中。从更加宏观的角度来看，“社区互助网络模式”为老人提供了一个辅助生活、社交的服务系统，创建了一个会员驱动、非营利性质的组织，为老年会员日常生活所需要的方方面面提供服务、优惠中介等功能的网络平台。同时，也给人们一个机会去接触“非医疗式”的养老辅助窗口。养老网络社区对于尚处于健康状态的老年群体具有极大的吸引力。

现行的灯塔岭模式建立在多样性的互助服务网络基础上，如果能够再加入更多老年人合作的教育团体、老年人合作工作室等这些老年人精神层次的“DIY”活动，也许其真的会升级成为一种养老服务综合网络。“灯塔岭”对多样化具有包容性，成员们可以去追求各自向往的退休后的悠闲生活，也有权力去追寻其他目标。相较于传统养老服务模式，社区互助网络模式是一种较为微妙的表述，它更像是一种看不见、摸不着的模糊情感。它可以通过不断扩大自己的规模，同时提供更多服务和不同的活动来区别于传统养老模式。增加社交活动数量可以使刚刚处于退休职业转换期的老人对新事物产生兴趣，更多分门别类的工作室、俱乐部和志愿工作可以有效地增加精神互助的价值。

总结社区互助网络模式对于我们的启示是：

（1）充分发挥老年人群体的主观能动性，满足老年人群体共同打造积极的养老服务体系的意愿。

（2）注重非医疗的相关日常生活辅助，如通过社交活动规划、相关培训、运输服务等手段来完善养老服务体系。

（3）把成员间的互助作为养老服务体系的一个基础。

（4）把轻松和乐趣作为养老服务的一个重要元素。

（5）把互联网技术与养老服务体系相结合，但要注意老年人对于科技产品的不安与不友好的情感。

（6）不能忽视基础设施建设和管理框架的建设与完善。

（7）促进养老服务体系的多样性和包容性，注重搭建与多种服务商合作的平台，促进社会各界力量助力养老服务体系的建设。

（8）注重养老服务体系由日常生活服务逐渐升级到专业化、情感化的多层级体系。

2.5 公共开放空间

城镇开放空间指的是供居民日常生活和社会公共使用的室外空间，包括街道、广场、居住区户外场地、公共绿地及公园等，主要是与专用空间（运动场等）相对。城镇开放空间可以分广义和狭义去理解：广义是指城镇中完全或基本没有人工构筑物覆盖的地面和水域；狭义是指城镇公共绿地。

上海市老年友好城市建设导则明确指出老年友好城市倡导为老年人提供安全、便利和舒适的户外空间和公共环境，有助于保持老年人的健康活力，促使其积极参与社交活动，扩大老年人的社会活动范围，提高老年人的生活质量。还对具体的环境和绿地、公共休息区、步行通道、公共设施四个方面做出了明确规范①。由此说明，一个城镇开放空间的安全性、便利性与舒适性对于老年宜居城镇的构建至关重要。

2.5.1 开放空间体系构建原则

2.5.1.1 安全性

城镇户外环境的安全性是构建老年宜居城镇的基础也是老年人选择居住生活的一个重要因素。

（1）人为因素

目前随着经济的发展、城镇基础设施和相关法律的执行。许多城镇被认为是安全的，例如阿姆斯特丹、慕尼黑、赫尔辛基、东京等城市以低犯罪率、低车祸率而成为全球最安全的城市。但有一些显然不是，在一些城镇晚上出门对很多老年人来说都是可怕的。无论实际的城镇安全程度如何，安全问题还是需要引起相关部门关注的，老年人关注的主要因素的安全问题主要集中在暴力、犯罪、毒品和老年人无家可归等。

（2）自然因素

还有一些城镇的不安全因素来自于多发的自然灾害。当地的灾难来临时，老年人是极易受伤害的群体，更需要城镇采取必要的措施保护老年人的安全。但是目前这方面一些城市还存在缺陷。例如，在经常发生地震的伊斯坦布尔，城镇缺少保护老年人的相关预案。在日本的许多城镇老年人担心当地震、洪水等灾害来临时，城镇缺少保护老年人的相关设施。

---

① 上海市老龄工作委员会 . 上海市老年友好城镇建设导则 [Z]. 沪老龄办发〔2013〕19 号 .

2.5.1.2 便利性

影响老年人宜居城镇环境的关键因素是城镇的便利性。老年人反映出的便利性问题大部分与日常生活息息相关。例如，商店、超市、诊所、银行等应该坐落在离老年人居住区比较近的地方，并且使他们能够方便地到达这些设施和获得相应的服务。在城镇的户外环境除了便捷性方面的问题外，户外环境的无障碍设施与服务也是老年人关注的问题。

2.5.1.3 舒适性

许多城市拥有美丽的自然风光，是许多老年人的度假胜地、养老胜地和疗养胜地。例如，夏威夷、里约热内卢、墨尔本、巴厘岛、悉尼、温哥华等，国内有青岛、三亚、厦门、珠海、秦皇岛等。这些城市以环境优美、景色宜人和一年四季舒适的气候而吸引老年人来此度假疗养。

在许多旅游城市，老年人反映在旅游旺季大量游客的到来，增加了城镇卫生系统的负担，造成城镇垃圾无法及时处理，同时也使城镇变得更加嘈杂，从而大大影响了老年人的生活质量。在这些拥有美丽的自然风光的旅游城镇，老年人反映的需求主要是如何合理地依托自然风光，保护美丽的自然风光，不断优化外部环境，能够让在此生活的老年人，或者是让来此旅游的老年人都能更好地享受自然风光。

2.5.2 城镇环境的相关配套设施和服务

城镇开放空间是一个户外的综合体系，为老年人提供安全、便利和舒适的户外空间和公共环境需要城镇的综合体系的提升。总结归纳各个要素如表 2-9 所示：

城镇环境相关配套设施和服务配置指标表 表 2-9

序号	相关设施	配套指标
1	环境	· 市容整洁，设立强制执行条例限制噪声的级别及公共场所难闻或有害的气体释放
2	绿化带和走道	· 有安全的、维护良好的绿化带，提供随处可见的小亭子、卫生间和供人们休息的座椅 · 走道上没有障碍物，路面平整，附近有公共厕所且易于到达
3	户外休息区	· 在室外尤其是公园、车站、公共场所，隔一定距离就应放置供人们休息的座椅。这些座椅要保持完好并经常检查以确保安全
4	人行道	· 人行道要经常保养，路面平整、防滑、足够宽，有延续到马路上的低斜坡以方便轮椅的通行 · 人行道上没有障碍物（如小商贩、车辆、树、动物排泄物、积雪），行人具有优先使用权

续表

序号	相关设施	配套指标
5	马路	· 马路有充足的防滑且规则排列的人行横道线以确保行人过马路时的安全 · 马路应该有合理的物理结构规划，如交通岛、天桥、地下隧道来帮助行人穿过拥挤的马路 · 十字路口处的信号灯应有充足的时间来保证老年人从容通过，并且应同时具有视觉信号和听觉信号
6	自行车车道	· 有单独的自行车车道
7	安全性	· 在所有开放场地或者室内，公共安全是要优先确保的问题。可以通过减少自然灾害的危险，建立良好的街道照明系统，加强警察巡逻，强制执行相关法律，为社区和居民主动防护提供帮助等方式来确保公共安全
8	服务	· 所提供服务应尽量集中于靠近老年人居住的地方，以方便老年人随时得到服务（如楼宇的第一层）。有专门针对老人安排的客户服务，如单独的队列或者服务柜台
9	建筑物	· 无障碍电梯； · 无障碍坡道； · 随处可见的指示牌； · 有扶手的楼梯； · 不高不陡的座椅； · 防滑地板； · 配备舒适座椅的休息区； · 数量足够的卫生间
10	公共卫生间	· 干净、维护良好、方便各种行动能力的老人到达，有明显的指示牌并方便老年人寻找
11	专门性服务	· 要专门为老年人提供方便其行动的服务

2.5.3 绿色适老空间

城镇绿色开放空间由各种公园、游憩林荫带、居住区绿地、交通绿地、附属绿地、生产防护绿地组成，也包括位于市内或城郊的风景区绿地，即风景游览区、休养区、疗养区等，此外还包括城镇水面、道路广场以及其他性质用地中的绿地。拥有良好的“绿色开放空间”的城镇也是吸引老年人主要选择外出的目的地。老年宜居城镇建设，强调构建绿色基础设施系统与适老型、疗愈型、交往型绿色空间建设相结合，形成绿色适老空间。

2.5.3.1 绿色基础设施系统

开放空间绿地系统。 建设高品质的城市公园绿地系统。按照 300 米见绿，500 米见园的要求，构建城镇公园、社区公园、道路绿地、森林绿地、滨水绿地等要素组成的绿色公共空间系统。突出绿地的生态、景观、游憩、文化以及防灾避险功能，基于生态安全格局，按照人的需求，完善绿地系统规划。通过合理布局绿带、绿心、绿楔、绿环、绿廊等结构性绿地，建设开放空间绿地系统，营造良好的人居环境。

特色景观风貌系统。坚持以自然为美，保护山水林田湖自然本地，促进城镇与自然山水有机融合，使城镇内部的绿地、水系与外围河湖、森林、耕地连接，把好山好水好风光融入城镇。要规划风貌景观控制区，通过城市设计，按照滨河、滨湖、山林等特点，塑造特色城镇景观风貌，形成依托自然山水格局的开放空间景观风貌。

可持续的海绵城市系统。充分利用自然排水系统与低影响开发设施，保持开发建设后的水文生态地质条件与开发建设前接近，实现中小雨 100% 自然渗透、自然积存、自然净化。通过设置雨水花园、透水铺装、生态滞留草沟、生态屋顶等有效控制面源污染。

2.5.3.2　适老型城镇绿色空间

植物对于老年人来说，具有很多有益的作用。植物茎叶花的色、形、味会刺激观赏者的视觉、嗅觉和触觉，环境中的虫鸣、鸟啼可以刺激人的听觉，从而延缓器官的衰老。年长者多晒太阳有利于促进维生素 D 合成，延缓骨质疏松。同时，绿色植物还有着净化空气、降低噪声的作用。绿色空间可以提供许多对于老年人有益的条件，可以为长者们提供一个既健康又有安全感的活动场所，所以城镇中的绿色空间对于“老年宜居城镇”的构建是十分重要的。有许多城镇以宜人的城镇绿色环境、高绿化率而闻名，例如：维也纳，气候适宜，环境优美，绿化率高，使人仿佛置身于一个美丽的公园中；墨尔本，城镇绿地率高达 40%，城镇环境非常优雅，曾荣获联合国人居奖；阿德莱德，居海岸平原，自然风光优美，空气环境舒适，整个市中心都被公园绿地包围，是一个非常吸引人的城镇。

然而，在许多城镇老年人反映出存在着老年人使用绿色空间的障碍。例如，在新德里，一些绿地被认为维护得很差，已经变成了“垃圾场”；在梅尔维尔，老年人反映公共绿地、各种公园、游憩林荫带公共厕所和休息的座位不足；在莫斯科，绿地附近缺少应对恶劣天气的设施；在乌代浦尔，老年人进入公园的过程非常困难。另一个值得关注的问题是城镇的绿色开放空间构建要与老年人实际需求相匹配。在哈利法克斯，老年人反映需要更小、更安静、更包容的、在城镇边缘区的绿色空间，而不是综合儿童乐园和滑板爱好者所使用的大型嘈杂的综合娱乐公园；安曼的老年人建议为老年人设立专门的、特殊的功能型花园；而新德里的老年人则建议在公园划定老年人可以优先进入活动的区域。

2.5.3.3　疗愈型城镇绿色空间

感官疗愈花园是针对老年人尤其是患有阿尔茨海默病的老年人开发的绿色

园艺空间。该类型的花园不仅有利于患有阿尔茨海默病的年长者以多晒太阳而促进维生素 D 合成，延缓骨质疏松，还可以为患有认知症的长者们提供一个既熟悉又有安全感的活动场所，长者们可以在花园中挖一挖土、种植农作物，锻炼身体。更重要的是，花园创造了感官盛宴，花香和充满活力的彩色植物以及灌木可以提供极好的感官刺激。它可以减少各年龄层和认知症长者的心理压力、提高核心力量和身体灵活性，帮助创造一个更加健康、积极的人生观。对于患有阿尔茨海默病的人来说，感官疗愈花园的优势在于：享受户外活动的机会、锻炼身体、修身养性、减少焦虑、帮助提升睡眠质量、重建自信心、增强自我认知、找到生活的目标、参与各类刺激感官的活动。对于高频率无目的徘徊的认知症长者而言，身处花园中可以帮助他们放松身心，平复情绪。长者情绪激动时，让他们在户外呼吸新鲜空气，在一个私密的空间里静一静。

感官疗愈花园的选址及空间布局要便于长者寻找，在通往花园的道路上不应存在任何阻碍物。其次，花园尽量选择一个安全的环境，设立无障碍通道，没有陡峭的坡道。在花园规划设计前期，需考虑一系列会影响到长者行动的问题，避免长者身在其中却感到被囚禁，产生压迫感。花园路径应该是连贯闭合的，避免突然改变方向或是有死路。感官疗愈花园中的植物扮演着不同角色。它们不仅仅提供感官刺激，同时也承载着许多功能性的目的，比如阻挡冬天的冷风，遮挡夏季的烈日，创造私密而安静的空间。种植绿色植物可以软化墙壁和围栏的视觉外观，但应避免使用有毒植物。在选取景观植物时，尽量选择长寿并且季相特点分明的，不需要定期养护且观赏期只集中在几个月的植物。结合季相丰富的植物景观，可以对长者进行一些认知康复训练活动。比如，让长者在不同的月份里对开花植物进行标记或粘贴。

最后一点是，鼓励长者积极接触和探索植物的同时，也应避免那些有毒或可能引起皮肤反映或伤害的植物。花园中植物品种选择推荐如表 2–10 所示：

花园植物品种推荐表 **表 2–10**

序号	感觉	植物种类
1	嗅觉	玫瑰、薄荷、百里香、茉莉、薰衣草、迷迭香、香茅、含笑、白兰花、栀子
2	触觉	羊耳朵（绵毛水苏）、羽绒狼尾草、香蒲或者其他一些树皮或者叶面粗糙的植物
3	听觉	竹子、芭蕉、各类景观观赏草
4	味觉	罗勒、西番莲、草莓、辣椒、薄荷、鼠尾草、香葱等各类果树蔬菜中草药植物

此外，还有将绿色空间应用于老年人医疗康复中。园艺及景观治疗的宗旨

是让人们的生活更人性化、更接近大自然。自然环境提供的各种条件对人的身心健康发展都有一定的促进作用，是促进疾病康复的良方。园艺景观在医疗上的应用将是未来景观的发展方向之一。康复花园就是通过自然景观和人文景观来提高使用者身心健康水平的户外空间，是一种很适合在老年活动中心、老年大学、复健中心、疗养院、公共场所推广的景观设计形式。

2.5.3.4 交往型绿色空间

公共开放空间是老年人室外活动的重要区域，公共开放空间的建设直接关联老年人的身心健康。营造出适合老年人交往的绿色空间环境，能有效提升老年人的生活质量和居住环境（表 2-11）。

（1）可交往

开放空间注重把养老设施、公共空间、休息空间串联起来，在给老年人提供休憩的场所的同时，还要给老年人提供可交流的场所。

对于交往空间的营造，首先要基于设计者对群体的价值观及行为的深层认识，在规划设计中应考虑不同老年的生理和生活习惯及其对空间的不同要求。

老人与儿童是户外交往空间最频繁的群体，老年人公共交往空间不宜独立设施，应考虑与儿童活动空间综合设置。此外在实际使用中，老年人看护儿童进行户外活动现象非常多，适宜在儿童活动区周边设置休息座椅或将儿童活动设施与老年人活动设施结合设置。通过儿童之间的交流、陪伴儿童的成年人或老年人之间的交流带动小区形成多层次的邻里交往，拓展居民的社会网络。

目前很多室外交往空间仍存在一些问题：①缺少活动设施，室外交往空间没有安排老年活动设施。②地面铺装材质不合适，在儿童活动区，地面铺装没有采用相适应的软质铺装，不利于老人及儿童活动。③辅助设施的位置不合理，部分座椅设置方式与儿童玩乐设施没有进行整体考虑。④交往空间的微气候环境考虑不足。现实中很多老年人在室外空间坐在停车位中打牌，这种自我选择的场所体现了老人的需求：适宜的空间、向阳、背风等，也反映了部分公共场所在设计中忽略了居民的此类需求，没有创造出人们所需要的交往空间。

（2）高绿化

绿色空间可以提供许多对于老年人有益的条件，可以为长者们提供一个既健康又有安全感的活动场所，享受户外活动的机会、锻炼身体、修身养性、减少焦虑、帮助提升睡眠质量、重建自信心、增强自我认知、找到生活的目标。园艺及景观治疗的宗旨是让人们的生活更人性化、更接近大自然。自然环境提供的各种条件对人的身心健康发展都有一定的促进作用，是促进疾病康复的良方。

公共开放空间设计要点汇总表 ①②③ 表 2-11

<table>
<tr><th colspan="4">游憩设施空间</th></tr>
<tr><th colspan="2">类型</th><th>类型划分</th><th>规划设计要点</th></tr>
<tr><td rowspan="3">总体布局</td><td>场所空间</td><td>完善型</td><td>对既有空间进行挖掘整理，形成多种类型的场地空间</td></tr>
<tr><td rowspan="2">特色空间</td><td>完善型</td><td>应整合并保障至少一处全龄活动场地，场地应包括健身器械、儿童活动区域以及硬地活动空间</td></tr>
<tr><td>提升型</td><td>1. 有条件的区域可以结合公园设置一定比例的区域作为康复花园，或结合养老设施设置专属花园
2. 单个花园可根据患者的活动能力、多样需求和空间开放程度将康复花园划分为公共交流区、园艺活动区、安静休息区，初期患者的花园可增设一定的探索挑战区，也可结合公共交流区划定部分场地作为园艺疗法场地</td></tr>
<tr><td rowspan="7">道路铺装</td><td>出入口</td><td>基础型</td><td>1. 出入口设计要醒目且具有标识性，可采用鲜明色彩或者醒目的造型，使其成为地标，出入口的宽度至少要在 1.2 米以上；
2. 出入口周围要有 1.5 米见方以上的水平空间，供轮椅转弯或停留</td></tr>
<tr><td rowspan="3">园路</td><td>基础型</td><td>设置 1~2 条适宜老年人步行的园路，园路设置宜采用简洁易于辨识的环状或 8 字形且没有断头路的道路布置方式</td></tr>
<tr><td>基础型</td><td>1. 道路设计应满足无障碍通行要求，道路上不应有台阶，有些园路要设扶手；
2. 轮椅通过的园路宽度要大于 1.5 米，轮椅交错通过的园路宽度应大于 1.8 米；单人通行路、坡道宽是 1.2 米</td></tr>
<tr><td>提升型</td><td>提供不同长度和难度的老年步行环路选择及感官刺激；老年步行环路可利用铺地、照明以及植被形成明确而丰富的界面，提供不同层次的体验和感官刺激</td></tr>
<tr><td rowspan="3">硬化、铺装</td><td>基础型</td><td>与步行空间交接顺畅，场地高差处提供扶手及无障碍坡道或台阶</td></tr>
<tr><td>基础型</td><td>场地铺地应选用防滑材料，避免使用凹凸不平的花砖，同时应避免不同材质交界形成的高差，铺地的高差应小于 6.4 毫米，当高差在 6.4~13 毫米之间时，应在一半高度设置斜坡。道路的铺装接缝处平滑无缝，材质平整防滑且不反光刺眼</td></tr>
<tr><td>完善型</td><td>改造宅间空间，增设硬地场地，满足老人随机交流的需求，同时满足高龄老人户外观望的需求</td></tr>
<tr><td rowspan="4">绿化种植</td><td rowspan="3">绿化种植</td><td>基础型</td><td>对既有植被进行无毒脱敏化处理；增植果实类植被树木，社区居委会可组织维护及采摘活动</td></tr>
<tr><td>完善型</td><td>利用芳香性植被营造怡人的环境</td></tr>
<tr><td>提升型</td><td>选用色彩鲜艳的绿色植物和花卉、沁人心脾的芳香植物、引鸟植物、不同质感的植物加以产生感官刺激，使老年人产生积极的情绪，身心放松，进而创造人与自然交流的空间</td></tr>
<tr><td>园艺种植设施</td><td>完善型</td><td>为轮椅老年人、关节炎患者和腰背不好的老年人提供一定的抬高花床、浅盘种植床：抬高花床一般为 60 厘米和 90 厘米两种高度</td></tr>
</table>

① GB 50437—2007，城镇老年人设施规划规范 [S]. 北京：中国计划出版社，2008.

② 李慧 . 互助型老年宜居城镇规划研究 [M]. 北京：中国建筑工业出版社，2017.

③ 何凌华，魏钢 . 既有社区室外环境适老化改造的问题与对策 [J]. 规划师，2015（11）:23-28.

续表

<table>
<tr><th colspan="4">游憩设施空间</th></tr>
<tr><th colspan="2">类型</th><th>类型划分</th><th>规划设计要点</th></tr>
<tr><td rowspan="2">绿化种植</td><td rowspan="2">园艺种植设施</td><td>完善型</td><td>1. 浅盘式种植床的设计需要提供几种不同的高度，浅盘的下部是空的，为乘坐轮椅的人提供空间；
2. 此外，设置一定数量的可移动花池、花园装饰物及其他独立的构筑物，根据老年人喜好改变景观布局</td></tr>
<tr><td>提升型</td><td>应尽量选择木质等天然材料，便于植物的排水及生长，也提供温暖安详的心理暗示</td></tr>
<tr><td rowspan="2">景观设施</td><td>水景</td><td>完善型</td><td>1. 流动的水可产生负氧离子，有益身心健康，有条件的区域宜增加喷泉和跌水水景设计；
2. 旱地喷泉应标注其区位，地面材料应遇水不滑；喷水前，应有音响或灯光提示，水柱应缓慢增大；
3. 提高沙池和水池的高度，水池和园艺疗法台设置扶手及抓握工具</td></tr>
<tr><td>景观小品（沿途标志物）</td><td>提升型</td><td>考虑老年人记忆力退化的特点，景观小品的设置除考虑文化、艺术、造型等特点外，还应考虑其标识性。特别是阿尔兹海默病康复花园的设计，沿园路应设计地标、标记物或有趣的小景来帮助其进行空间定位，也便于护理人员和家属来计算老人行走的距离。标志物常常采用：水景、小雕塑、鲜艳的花卉等</td></tr>
<tr><td colspan="2" rowspan="6">活动场地</td><td>完善型</td><td>健身器械区需提供一定数量适合老年人使用的器械，并提供明显的使用说明</td></tr>
<tr><td>基础型</td><td>健身器材区铺地宜采用软质橡胶铺地，避免老人的意外跌伤</td></tr>
<tr><td>完善型</td><td>场地布局应结合城镇季风，符合当地气候特点，提供相应的遮阴、遮阳、防晒条件，如设置花架、凉亭等具有遮阴功能的休息设施；步行道的两侧应设置休憩设施</td></tr>
<tr><td>完善型</td><td>1. 尽量创造老年人交往的围合空间，如“L”形、“U”形空间等，可利用低层建筑、植被、设施对场地活动空间进行围合，如树阵、花坛；
2. 在场地条件允许的情况下，可以考虑增设适老棋牌桌，或对现有棋牌桌进行一定的改造，提供至少一侧的活动座椅，为轮椅老年人提供参与的机会；桌面距离地面高度不应超过 80 厘米，桌面下缘不低于 65 厘米</td></tr>
<tr><td>完善型</td><td>应为老年人提供多种选择性座椅，例如既有固定座椅又有可移动式座椅，既有处于阴凉处的座椅又有可供晒太阳的座椅，既有独处的休息环境又有成组的座椅布置，可容纳家庭聚会、老人间交谈等活动</td></tr>
<tr><td>基础型</td><td>座椅应采用舒适的材质和设计，尽量避免金属和石质座椅，座椅应带扶手和舒适的靠背，以便老人能够借力起身</td></tr>
<tr><td colspan="2">环卫设施</td><td>基础型</td><td>在康复花园出入口、公园老年人活动场所附近设置公共厕所</td></tr>
<tr><td colspan="2">标识设施</td><td>基础型</td><td>1. 考虑老年人视觉退化的特点，利用色彩图形等强化信息的识别性，内容与图形与背景应有强烈的对比；
2. 标识应增加夜间照明，材料因采用漫反射材质，避免眩光刺激；
3. 同时考虑使用轮椅的老年人实际视线要求，标识板一般设置为 700~1600 毫米的高度，要设置在容易看到的地方，避免异物遮挡；
4. 在条件允许时可增加标识设施的声音及触觉感应，如增加盲文标志设计</td></tr>
<tr><td colspan="2">照明设施</td><td>完善型</td><td>照明设施应确保有充分的亮度，避免灯光直接射入眼睛</td></tr>
</table>

2.6 适老居住空间

老年宜居城镇居住空间体系的构建不同于一般城镇或城镇的空间体系，传统居住空间体系的划分一般包括居住区、居住小区、居住组团、街坊等几个层次，主要依托居住空间尺度及规模划分，而老年宜居城镇自身的居住空间体系的构建依据自身的功能特点及规划布局要求。本次研究也是从宏观(城镇层面)、中观(社区层面)、微观(建筑层面)三个方向展开，依次为NCCRC(城镇居住区层面)、CCRC(老年持续照料社区)、老年护理建筑。

2.6.1 NCCRC（城镇居住区层面）

NCCRC——在传统CCRC养老模式的基础上，加入了涵盖持续照料的N个CCRC，形成一定规模的老年社区组团，并且结合老年人的活动半径，配以完善的、均等化配置的公共服务设施，形成单元用地模块，用以指导规划用地布局及指标体系配置。由于NCCRC的用地规模及人口规划较大，目前在国内并没有相应的实施案例，本次研究将其定位在城镇居住空间层面，希望研究老年居住空间在城镇层面布局的构成模式及空间特征及组织方式。NCCRC的空间布局模式不同于一般的城镇居住区模式，其空间呈现典型的圈层布局模式，由于老年人的行动能力受限，其服务半径不超过800米为宜。为兼顾设施布局的均衡性，一般在圈层核心中央位置布置医疗服务、体检康复及公园休闲绿地等设施，在中心圈层外围连续布置多个CCRC持续照料社区。外围每个组团之间与中心公共区域有着良好的慢性交通联系及廊道开敞空间，组团通过有规律的布局在核心圈层之外构成了典型的空间组织模式。这种空间模式主要是受限于老年人自身的行动能力及公共服务设施的服务半径，强调服务设施的均衡性及稳定性。

NCCRC的居住空间模式是在综合分析美国养老模式基础上，对比分析美国太阳城养老案例。美国养老经过几十年的探索逐渐形成了以太阳城为代表的高度市场化城镇养老模式，典型的特点为养老社区及城镇规模较大，内部具有较为开阔的绿化空间及运动场所，城镇的整体开发强度较低，以低层建筑为主，注重老年人的公共交流，在城镇中心位置集中布置公共配套设施。同时，在城镇空间层面美国太阳城占地面积要比本次研究提出的NCCRC规模大得多，这主要取决于美国的经济基础和土地制度。

2.6.2 CCRC（老年持续照料社区）

持续照料型养老社区（CCRC）是在老年照料服务和医疗护理项目相互分割的背景下产生的，它根据老年人的身体和心理状况，为老年人提供自理、介助和介护的一体化设施及医疗护理服务，帮助老人从自理阶段向半自理阶段过渡。这个社区的优点在于实现了生活的持续性，在不同阶段的老人都能得到相应的服务。在持续性照料社区内部居住设施的配比根据老年的生理状况不同分为：一般独立式居住设施（住宅、别墅），占比 70% ~ 80%；介护式居住设施（养老公寓集中提供辅助照料康复服务），占比 10% ~ 15%；介护式居住设施（介护中心提供 24 小时生活及医护照料），占比 5% ~ 10%。

老年持续照料社区规模根据老年人活动半径的大小，以 150 ~ 250 米作为社区中心的服务半径，以此推断老年社区的占地面积在 6 ~ 13 公顷范围内。CCRC 不同于普通的住宅小区，住户数量也远少于普通居住小区，这是由其自身特点决定。一般一个较为经济的持续照料型养老社区（CCRC），其独立式生活单元数量维持在 100 ~ 300 户，介助式生活单元的数量维持在 40 ~ 60 户，介护生活单元的数量维持在 21 ~ 42 床，最终确定规模可在此基础上进行适当的调整。

2.6.3 老年护理建筑

（1）老年居住建筑

持续照料型老年社区（CCRC）作为一个综合性的养老设施，在总体规划阶段完成后，其建筑设计要遵循一定的设计原则，首先由于设施内老年人的年龄极端、经济水平及文化背景不同，应对不同的老人提供相应的服务，同时满足老年人随着身体生理的不同变化，要求适应不同阶段老人的身体状态，这就需要建筑设计要有弹性。尽管不同的老人群体需要不同的建筑设计，但总体来说还是希望建筑设计能够同时满足健康者与体弱者的需求，这就是适老性的要求。基于以上两大原则，建筑弹性化设计、适老化设计将在第 4 章中重点阐述。

（2）独立式居住建筑

独立式居住设施的居住单元类型非常丰富，可以按照居住类型的独立性强度划分为独立住宅和集中公寓，二者在居住功能的完整性以及居住单元的独立性方面迥异。对于独立住宅与普通住宅类似，在内部的装修及重点区域考虑适老化设计。集中式住宅包括单卧室、起居与餐厅合用单元以及双卧室单元以满足老人的日常生活需求。集中式公寓可以集中提供服务、方便管理。而且会采用将社区中心放在底层、上层集中布局公寓的设计方法，提高了公寓的运行效率。

（3）介助式居住建筑

介助式居住建筑称为辅助生活居住设施，主要为那些尚不需要护理，但独立居住又存在安全性因素的老人服务，同时提供 24 小时家政及服务。介助式居住机构会提供药物处理、起居、就餐和家务管理在内的日常援助性服务。居住者拥有自己的公寓，在公寓内部通常会有水池、小型冰箱和微波炉等简易设施，平常的一日三餐由公共餐厅提供。

（4）介护中心建筑

介护中心，又称为长期护理机构、健康中心，是面向身体虚弱的老人和其他需要高水平医疗护理与援助但不需要紧急护理的人，为其提供 24 小时护理服务，也提供出院后的看护和康复治疗。在长期护理单元的居住者中，年龄普遍超过 85 岁，而且近 70% 的人使用轮椅。

介助中心的布局总体分为集中布置和分散布置。集中布置就是将护理区与公共区集中设置，有利于提高服务效率，节约护理成本，这种主要使用规模不大的组团。在较大的护理单元中，采用分散布局的方式是最佳选择，可以按照护理组团概念将平面分成多个单元，在每个单元中配备专门的护理人员。

2.7 老年产业

2.7.1 老年产业体系对于生产性老龄化的积极作用

生产性老龄化是一种积极老龄化的视角，但它又不同于积极老龄化，它强调的是老年人日常生活的生产性和社会参与性。生产型老龄化旨在通过认识老年人现有的和潜在的再生产力贡献，肯定老年人是一种可以促进社会变革和经济增长的重要资源[①]。生产性老龄化作为一种新兴的研究领域，在国际上开始受到广泛关注。

老年社会蕴藏着巨大的社会生产力，老年人是国家建设和社会进步所需的宝贵资源。如果能够把这些正在被闲置的生产力资源很好地加以利用，将会对社会发展产生巨大的推动作用。截至 2012 年底，中国 60 岁及以上的老年人口

① 张引 . 农村老年人的生产性老龄化研究——以 A 村为例 [D]. 山东大学，2010 .

达到了 1.94 亿，这不仅是一个巨大的需要被照顾和保障的群体，同时也是一个巨大的消费群体资源[①]。对这个群体能量的发掘存在许多困难，但也蕴藏着巨大的机遇。

发展老年产业体系对于发掘老年人这个群体的“能量”，生产性老龄化的实践发展起着重要的作用。

首先，发展老年产业体系会加深对老年人和老年社会的认知。面对我国庞大的老年人口，我们要改变对老龄社会的悲观态度，更要抛弃“老年无用”的陈旧思想，老年人口不应该被片面地看作社会的负担。老年人作为社会整体的一部分，应该积极参与到社会发展的过程之中，更好地适应社会。同时更重要的是要鼓励和帮助他们去创造自身的价值，让他们老有所为，充分肯定他们是一种具有创造性的、社会不可或缺的重要资源，需要被大力开发利用。

其次，发展老年产业可以更好地指导我国生产性养老的实践。随着老龄化程度的加深，我国面临着推进经济增长与提升国民福利的双重压力。在此背景下，发展老年产业体系，进而有效推进经济增长与提升国民福利，对我国的生产性养老实践的积极发展有着重要的推动作用。

最后，发展老年产业将有助于解放老年社会生产力，开发老年市场。随着进入老龄化时期，我们面临着各种机遇和抉择。促使我们走出以前在解决老龄化社会问题时单纯重视“养老”而忽视“用老”的误区，解放老年社会生产力，挖掘老年人口巨大的生产性潜力，开发老年人的创造性和社会参与性，致力于构建一个生产性老龄化社会。

2.7.2 老年消费需求及生长空间

老年人消费需求特征：老年人和年轻人对商品和服务的需求是不同的，额率的利用也不同，老年人通常对价格更加敏感且更厌恶风险。同时，随着人口趋于老龄化，收入的不平等往往也会愈发明显。由于收入水平的不均衡现象较突出，则高端和低端消费将更受益。人口老龄化的一个特征是人们由于年纪增大，出门购物的额率变少，这将致使企业不得不调整商业模式，减少实体商铺，增加上门送货服务等。而商业地产方面由于劳动力数量的下降也将遭到负面影响。在此背景下，养老地产生长空间相对较大。很多老年人在子女自立后，经济包袱减轻，会试图进行补偿性消费，弥补过去因条件限制未能实现的消费愿

① 人民网．民政部发布 2012 年社会服务发展统计公报（全文）[DB/OL].http://politics.people.com.cn/n/2013/0619/c1001-21892537.html.

望。他们在美容美发、穿戴打扮、营养食物、健身娱乐、旅游旅行，甚至白叟玩具等方面，同样有着强烈的消费兴趣。每代人进入老年后，对商品和服务的需求都是存在差异的。未来的老年人和今天的老年人相比，更有可能继续使用伴随其成长的互联网服务、电脑和手机等。

我国养老产业生长空间：（1）中国的人口结构正在快速走向老龄化，到2020年老年人口可能接近2.5亿。日本生命保险基础研究所预测称，中国2040年的老龄化率（注：65岁以上白叟占总人口的比率）将超过21.8%，接近日本2011年的水平（23.1%），老龄人口有望增加至3亿，成为老龄社会。（2）我国老年消费市场开发仍处于初级阶段，养老服务产品的供给不足、比重偏低、质量不高，这些都不能满足老年人日趋增进的服务需求。从国内市场来看，养老产业尚处于“沉睡”阶段，很多商机有待开发。（3）中国的养老服务仍旧比较落后。第一，养老护理床位不到老年人口总数的2%；第二，专业化养老机构，如临终眷护病院、老年痴呆护理院等很少；第三，老年用品市场发育不够。老年商品生产厂家数量少、范围小、没有知名品牌、品种单一。（4）我国养老产业的范围在不断增长，养老产业危中有机。日本作为典型的老龄化国家，通过几十年的生长，已经把养老生长成极具活力和市场前景的大产业。随着中国进入人口老龄化的快速生长期，养老服务需求与供给的矛盾将越来越突出，养老产业特别是养老服务业未来的市场范围和生长潜力不容小觑，前景辽阔，大有可为。（5）依据全国老龄办的数据，到2030年，估计我国养老产业范围有望达到20万亿元以上。社科研究院报告指出，我国消费结构转向老龄产业，老年消费行将井喷。我国老年人退休金总额2020年将达28145亿元，到2030年，退休金总额将达到73210亿元。中国的老年群体已经成为一支重要的消费大军。（6）庞大的老年人群体照料和护理的需求，有利于养老服务消费市场的形成。由于中国人口基数大，预计2040年中国仅白叟护理市场范围就达约16万亿元人民币，远超过日本。人口老龄化进程将加快，社会养老保障和养老服务需求将大量增加。未来，中国养老产业生长潜力巨大。

2.7.3 老年产业的基本特征

产业是具有同一属性的企业集合体，老年产业与其他产业的根本区别在于属于老年产业的经济实体所具有的同一属性，表现为服务对象相同，即服务对象锁定为老年人口，是跨行业范围较宽的特殊行业。老年产业与老年事业是不同的，老年事业是国家和政府为了解决本国老年人特殊群体涉及的相关工作的总称，而老年产业是由市场提供的涉老产品和服务。

产业按照其地位可以划分为如下几类：基础产业、瓶颈产业、先行产业、支柱产业、主导产业。在这里特别注意的是："互联网 +" 思维模式的发展对银发经济成为支柱和主导产业具有重要的推动作用。我国老年产业体系目前呈现出如下发展特点：

（1）特殊性与综合性并存

参与到老年产业中来的企业是进入了一个特定的细分市场，即老年人市场，老年产业的服务对象是需要特殊照顾的老年人。老年群体具有独特的心理特征和生活习惯，很多特征是其他年龄结构的人群所不具备的。但是老年产业的核心又是覆盖所有能够为老年人提供的产品和服务的总和，这种总和又不受产业分类和跨界限制，超越了一般概念和意义上的产业分类，从这个角度来说，老年产业又是一种综合性的产业。

（2）微利性与规模性并存

与产业平均利润率 10% ~ 30% 相比，老年产业平均利润率一般在 5% ~ 8%，目前老年市场开发阶段多半处于亏损状态。这反映出老年产业是一种微利性行业，老年产业的盈利模式是有限盈利。中国的老龄市场总体规模之大，是世界上任何一个国家的老龄市场都无法比拟的，老年产业份额及空间都比较大，未来会形成国民经济中占重要地位的规模。另一个方面，老年产业是属于公益社会性的产业，所以其对于国家长远发展的意义要远远高于其他行业。参与到老年产业中来的各种社会资本力量依靠着共同的长远的"目标"、规模化经营、品牌效应，完全有可能做大做强。

2.7.4 构建生态可持续的老年产业集群

2.7.4.1 老年产业分类

国内外老年产业的产业体系相当广泛，目前我国对老年产业分类标准还没有统一，归纳起来主要包含以下 10 个子行业：

老年医疗保健业：主要包括以医疗保障为核心的各种服务，也涵盖护理、康复、药品、保健品、医疗器具等；

老年用品业：主要包括服装、食品、辅具等；

老年服务业：主要包括生活日常照料、家政服务、维修等；

老年房地产业：主要包括老年公寓、托老所、护理院等；

老年保险业：主要包括健康保险、养老保险、人身保险、护理保险等；

老年金融业：主要包括老年理财产品、房产抵押、置换等；

老年教育业：主要包括老年大学、老年职业培训；

老年旅游业：主要包括老年旅行社、老年文体活动安排等；

老年咨询服务业：主要包括心理咨询、婚姻介绍所、健康咨询等；

其他与老年相关的特殊产业。

重点发展老年服务业、老年住宅、老年产品三大产业，其他产业协同发展。同时把老年服务业作为老年产业的核心，包括老年医疗保健业、老年护理业、老年文化旅游业、老年教育体育业、养老金融业等。依托养老服务业，串联起其他相关行业共同合作，最终形成产业链长、关联度高、涉及领域广的老年产业群，多种其他产业融合发展，探索养老服务产业园区的建设模式，建立相互依存的产业联系。

2.7.4.2 老年产业体系构建

老年产业发展应当从自身发展优势及生态可持续发展的角度出发，坚持绿色发展、科技引领、文化提升，以老年产业为特色，以老年服务业发展为重点，并融合传统产业进行生态可持续转型升级，从而构建多产业协调发展的环境友好型、能源集约型、具有一定社会公益性和生态可持续发展的产业体系，引导周边人口、功能、产业要素向社会公益性和生态可持续发展的产业体系聚集，推动城镇朝着长远的生态化可持续化的方向发展。第一产业，依托良好的农业发展基础、资源条件，引导传统农业向都市休闲观光农业升级。第二产业，调整升级镇域传统优势产业，加快以养老产业为特色的生态型工业园区建设。第三产业，融合养老产业发展，引导综合商业服务业、旅游度假产业和房地产业的适老化升级，构建具有地域特色的养老服务产业体系。

2.8 老年智慧城镇

我国正处于工业化、城镇化、人口老龄化快速发展阶段，生态环境和生活方式也在不断变化。当前一边是智慧城镇的智慧水平不断提升，一边则是老年城镇的老龄程度持续加深，健康、养老资源供给不足。老年人的智慧城镇建设能力要与时代的发展相适应。如何促进老年人融入无处不在的智慧城镇，既需要专门化、适应性地开发老年版智慧应用，也需要社会教育、政府服务层面更多地针地对老年人的数字生活开展感知、体验与普及活动。

智慧城镇为老年宜居城镇的发展趋势。在快速到来的老龄社会，建设“适老性”的新一代智慧型城镇，就是建设绿色、安心、安全、便利的城镇。它不仅注重居住、行政、商业等功能区域的划分，更加注重在步行可达的范围内建设功能完善的复合设施，既便利生活又减少交通流量，既适合老年人又是多代宜居型城镇。

智慧养老引领未来养老方向，智慧养老产业大有可为。随着养老理念的变化和科技的发展进步，智慧养老正走进人们的生活。所谓智慧养老，又称智能化养老，是运用智能化控制技术提供养老服务的过程。它以互联网、物联网为依托，研发面向老人、社区的物联网系统和信息平台，为老年人提供更为实时、安全、便捷、高效、低成本的智能化、物联化、互联化养老服务，使社区养老、居家养老成为可能。借助“养老”和“健康”综合服务平台，将医疗服务、运营商、服务商、个人、家庭连接起来，满足老年人多样化、多层次的需求。智能化、科技化已经成为养老产业新的发展热点，是目前中国养老产业发展中的一个重要方向。智慧健康养老利用物联网、云计算、大数据、智能硬件等新一代信息技术产品，实现个人、家庭、社区、机构与健康养老资源的有效对接和优化配置，推动健康养老服务智慧化升级，提升健康养老服务质量和效率水平，从而加快智慧健康养老产业发展，使社会经济发展的新业态、新产业、新模式的培育成为可能，进而推动信息消费增长，促进信息技术产业转型升级，可以说智慧养老产业前景广阔，大有可为。具体来说，智慧养老系统基于物联网技术，在养老院、社区和居家养老设备中植入传感器装置，让老年人的日常生活处于远程和实时的监控状态。它能延伸到养老生活的各个方面，如饮食起居、医疗医护、消防安保、休闲娱乐、报警呼救等，让养老生活更加安全与便利。而这，也是老龄化时代智慧养老的内在要求。

2.8.1 信息体系

智慧城镇构建的基础是发达的信息网络，信息网络构建是处理好信息的快速传播、妥善管理、便捷接受与有效交互。老年宜居型的智慧信息网络即信息通过不同的渠道向老年人传播，再通过不同的渠道进行收集、接受与管理。无论哪种方式最终的目的都是防止老年人被信息隔离，提升老年人生活的便捷性，提升老年人的生活质量，最终还要形成一种可信赖的信息交互体系。

2.8.1.1 信息的传播

系统有效的信息传播服务在老年宜居型智慧城镇的构建中起到重要的作

用，保持老年人与外界联系的及时性，提供生活实用的信息来满足老年人需要。对于一些国家的大多数城镇的老年人来说，在日常生活中会接受许多不同种类的媒体信息，被老年人接受的媒体能够提供的通信信息平台是目前价格低廉、操作简便的收音机，并且是老年人最喜爱的接受信息的主要工具。除此之外，主要的传播媒体还包括电视、广播、报纸、宣传栏、告示牌、广告栏、报刊牌。一些城镇为提高老年人信息的可及性，会向退休人员提供免费报纸订阅服务。在一些社区还会向含有 70 岁以上人员的家庭提供电话线费用公共补贴。在一些图书馆的阅览室都向老年人提供免费报纸、免费书籍的阅览，还提供免费的计算机和互联网服务，这些都构成了信息传播的重要基础媒介。

目前，最有效的信息传播是互联网信息平台，在一些城镇已经开始利用互联网为基础的信息传播网络给服务范围内的老年人提供有价值的信息，包括医疗服务信息、养老信息服务、报刊期刊图书信息、购物信息、相关电话查询等。互联网服务商将信息分发给所在服务范围内的老年人，呈现在老年人的手机、电脑，或者其他移动终端上。目前，越来越多的商家已经注意到这一“银色互联网”市场。一些大型的互联网服务商已经开始着手制作老年人本地服务的目录，并且与相应的服务商或者机构开展合作。

2.8.1.2 信息的管理

信息源的数量和种类众多，老年人需要的是及时获得相关有用的信息。管理和甄别大量的信息对于老年人来说是很困难的，而且极易造成重要信息的丢失。尤其是在网络查询中，老年人缺乏对可用信息或服务的寻找能力和认识能力，或者不知道如何定位所需的信息。值得注意的是，目前在信息管理上有两个值得注意的问题：（1）信息网络并没有涵盖足够多的对老年人重要的、有用的话题。老年需要专用报纸或定期的新闻栏以及专门的广播和电视节目，还有像微信、网站等网络工具使通信提供给老年人更多有价值的话题，让信息类别拓宽和涵盖老年观众的兴趣问题。（2）构建易于访问的服务查询系统。这一服务查询系统应该涵盖老年人所在整个社区的所有服务。目前有一些城镇的社区提供 24 小时的电话社区服务信息。社区需要成立组织服务中心，有条件的城镇社区还可以建立信息化的报纸和可视化社区信息室，为老年人提供可视化的信息服务。

2.8.1.3 信息的互动

互联网高度发展的今天，面对面交谈其实都是目前老年人信息交流的主要方式之一，口头交流对于视力受损者和教育水平不高的老年人尤为重要。无论是通过与家人和朋友，还是通过参加娱乐活动、公众会议、社区中心和礼拜场所，交谈沟通对于老年人来说非常重要。但是，由于城镇的飞速发展变化，新增的高层建筑占据了社区中心、绿地、活动场所的位置，使老年人失去了与他人交流交谈的场所，这种现象在发展中国家尤为明显。所以，一个老年宜居城镇应该在大力发展高科技技术的同时也要为老年人保留一块面对面交流的公共交往空间。

在使用社区内公共电话、电子自动银行、自助邮政设备、自助停车和自助售货机时，操作复杂、指令不明确等都会造成老年人获取服务的难度较大或者不能独立操作。而对于轮椅上的老年人来说，有些面板设计得太高了，轮椅上的老年人够不着而无法进行操作。为了让那些不识字的老年人也能操作电子设备，设计者提出的一个方案是对按钮和指令进行彩色编码。通过颜色引导老年人进行操作。自动答疑服务是一个老年人普遍反映存在设计问题比较多的地方：主要有信息太多、速度太快、选择令人困惑，而且经常得不到人工服务。

信息技术，尤其是计算机和互联网，因其综合性和便利性而受到一些老年人的关注。互联网不仅可以让他们和社区内的人交流，也可以与遥远的地方或者在国外的人保持联系。然而，很多老年人因为不使用电脑和手机而感到受到“技术排斥”。在一些相对落后的发展中国家，电脑对许多老年人来说太贵了，或者在社区里不太普及。在其他的一些发展中国家，电脑是可以接触到的，但大多数老年人还不熟悉如何操作电脑。目前有些国家的城镇在社区中心的老年人俱乐部、公共服务去和图书馆中，大量使用公共计算机服务和数字化管理。还有很多国家在普及使用移动设备，如手机扫码等。这些技术的推广也要考虑到老年人用户的使用需求。一些老年人提出，个人的需要和适合个人学习进度的“新技术培训”是受非常老年人欢迎的，尤其是由一个他们信赖的人去教他们如何操作计算机、如何在网络上搜集信息、如何扫码等。老年人提到社区可以设立一个永久的网络导师志愿者岗位，他可以单独帮助老年人，如果需要，可以在家里拜访他们。社区网络应该提供老年人参与社区活动需要了解的新信息，并努力帮助老年人去适应科技的变化并帮助老年人不断地学习。“网络查询 + 电话沟通”是老年人比较期待的一种未来联络方式。还有目前的“微信群”、“公众号”等也是老年人比较喜欢的信息沟通交流方式。

2.8.2 老年智慧城镇建设

除了从微观上考虑的信息体系构建，还要从宏观上搭建老年宜居型的智慧城镇环境，主要涉及智慧养老、智慧医疗、智慧交通、智慧产业、智慧能源、智慧环保、智慧社区七个方面。

2.8.2.1 智慧养老

围绕老年人的生命安全需求和独立生活需求，布置相应的智能化系统，通过综合运用互联网、通信网、物联网技术，将楼宇、物业、家居、路网、医院、急救等关联起来，以“安全、舒适、方便、快捷”为目的，形成一套针对老年人的照料看护系统，打造更为安全便捷的居住环境。根据老人的生命安全需求和独立生活需求，将智能化系统可以提供的功能由高到低分为几个层次：首先，是医疗救护系统。为老人提供日常紧急医疗救护服务，为老人的生命和生活安全提供 24 小时保障。其次，是服务保障系统。为老人日常活动提供全方位的监控体系，保障老人的正常生活安全，同时为医疗救护系统提供辅助支持。再次，是舒适体验系统和残障专设系统。通过智能化设计为居住在楼宇内的老人提供更加舒适的居住体验。该系统为可选系统，应根据成本造价综合考虑。

2.8.2.2 智慧医疗

在老龄化不断加剧的今天，社区远程医疗照顾系统能有效地节约社会资源，高效地服务于大众。电子健康档案系统和医疗公共服务平台的建立能解决目前突出的“看病难，看病贵”的医患矛盾。智慧医疗是构建医疗卫生服务和管理最优化的医疗体系，是以患者为中心的医院诊疗服务系统和管理系统的智能化；面向居家养老、社区养老、机构养老，突出“医”和“养”相融合的养老服务智能化系统。以老年医院为中心的医养联合体，通过互联网工具——专家 APP、家庭医生（家医）APP、养助 APP、微信等，基于远程智慧平台开展医养服务。老人在社区卫生服务中心或养老院里，即可与三级医院专家实现远程医疗，实现区域内医养结合、分级管理、资源共享、服务协同，提升地区医疗养老服务能力，改善地区老年人的健康水平。远程智慧医疗医养模式下的主要内容：成立远程智慧医养联合体，利用互联网开展个性化的健康管理，同时提供居家养老服务和医疗养老机构内的远程咨询。

2.8.2.3 智慧交通

方便老年人出行，是智慧养老城镇建设的重要内容。针对老年人的特点，重点加快城市交通智能化发展。我国自 2012 年以来开始大力推动智慧城镇建设，城镇智能公共交通服务系统是智慧城镇建设的一个重要组成部分，它通过对先进的信息技术手段——物联网、云计算、大数据、移动互联网技术进行有效整合，充分利用社会资源和企业力量，推动具有城市公交便捷出行引导的智慧型综合出行信息服务系统建设。充分利用互联网技术加强对城市公共交通运行状况监测、分析和预判，并将其运用到城镇交通管理工作之中，来进一步缓解城镇交通拥堵的问题，解决好人们出行难的问题。通过道路收费系统、多功能智能交通卡系统、数字化交通智能信息管理系统等多种模式的数据整合，提供基于交通预测的智能交通灯控制、交通疏导、出行提示、应急事件处理管理平台，帮助进行城镇路网优化分析，为城镇规划决策提供支持。整个智慧交通包括了交通信号系统、交通监控系统、交通信息采集系统、智能公交系统、治安卡口系统、电子警察系统、智慧管理中心等多个子系统。同时，鼓励规范互联网租赁自行车发展，鼓励规范城市停车新模式发展，推动城市公交与移动互联网融合发展，不断完善智慧出行发展环境，这些工作都要依靠市场的力量推进，需要政企合作交流，还要做好政府的监管服务，确保出行信息安全。

2.8.2.4 智慧产业

智慧产业包括智慧物流、智慧制造、智慧贸易三个方面。关于智慧物流，大力推广射频识别、多维条码、卫星定位、货物跟踪、电子商务等信息技术在物流企业、物流产业基地和物流监管部门中的应用。智慧制造，则在重点制造行业，推广适用的信息化辅助设计系统和制造系统，推动信息化制造发展。智慧贸易，则需要大力发展网络市场和电子商务，发展集产品展示、信息发布、交易、支付于一体的智慧贸易体系。应当指出的是，智慧城镇建设还有一项任务需要加以强调，那就是大力推广智慧健康养老服务，这项工作国家有关部门正在大力推进，它有利于培育智慧健康养老服务新业态。推动企业和健康养老机构充分运用智慧健康养老产品，创新发展慢性病管理、居家健康养老、个性化健康管理、互联网健康咨询、生活照护、养老机构信息化服务、家庭服务机器人等健康养老服务模式。未来将会对社会经济的发展起到十分重要的推动作用。

2.8.2.5 智慧能源

老年宜居城镇的构建要大力推进清洁能源体系的建设，在能源供应端建立能源供应中心和微能源网打造清洁能源生产、输配及公共设施利用系统；在能源消费端，调高建设密度，采用节能材料，打造绿色节能建筑群落。运用各种智慧技术、先进设备和新工艺，强化能源利用管理，发展风能、太阳能等可再生能源和新能源产业。重点推进智慧电能建设，加快智慧技术在发电、输电、配电、供电、用电服务等环节的广泛应用。

在能源回收阶段要加快垃圾分类及回收再利用系统，通过综合固体废物处理设施可以机械化分离市政固体废物，提取可回收废物，剩余废物（不可回收）送至堆肥处理厂进行堆肥，以产生堆肥副产物，用于垃圾填埋修复和垃圾衍生燃料。剩余产物利用先进的热处理技术（气化和热解）处理垃圾衍生燃料，产生可再生能源，这些能源可以与电网并网，以供给普通用户家庭使用。

2.8.2.6 智慧环保

快速感知城镇环境、人体健康、生命安全的实时指标，全面感知污染排放、环境污染、应急事故的变化过程，有效判定环境监察执法与应急处理工作的执行状态与效果，更智慧决策重点城镇和流域重大环境管理问题。智慧环保的主要方向为：

环境质量监测：采用专用仪器和设备将空气、水质、噪声等环境质量监测因素的监测数据收集记录，并通过通信网络向监控中心传输，监控中心将监测数据存储到数据库中，对监测数据进行分析和管理，并可根据需要将所需数据发布显示在系统中或查询相关历史数据。

工程在线监测：对重点污染源的污染治理设施实施进行自动监控，可对多套重点污染防治设施安装流量计、设施运行记录仪、采集传输仪等监控设备，采集信号通过通信网络实时向监控中心传送，通过软件进行监控，组成污染防治设施的自动监控网络。

污染源在线监测：对废水、烟气等污染源的污染状况进行实时监控，能对数据进行有效审核，并把采集到的合法数据保存到数据库，对超标排放的监测点自动报警，并通过网络或短信通知相关人员。

环保视频监控：主要对河流断面、地表水源污染状况、单位污水排放口、工地扬尘、交通尾气排放等情况进行实时监控。根据实际的监测点位情况、距离、通信条件可采用无线为主、有线为辅的方式实现环保远程图像监控功能。

2.8.2.7 智慧社区

利用新一代信息技术的集成应用，推进智慧社区建设。推动“互联网 +”与城乡社区服务的深度融合，逐步构建设施智能、服务便捷、管理精细、环境宜居的智慧社区。推进智慧社区信息系统建设，广泛吸纳社区社会组织、社区服务企业信息资源，逐步实现社区公共服务、志愿服务、便民利民服务等社区服务信息资源集成。为社区居民提供一个安全、舒适、便利的现代化、智慧化生活环境，从而形成信息化、职能化社会管理形态的社区。推动社区养老、社区家政、社区医疗、社区消防等安保服务和社区物业设备设施的智能化改造升级，强化社区治安技防能力。大力发展城乡社区电子商务，发展线上线下相结合的社区服务新模式。

智慧社区场景应用有四个方面：

（1）社区网络。宽带接入：光纤入户，大幅提升上网速度，用户可从多家运营商中选择，杜绝垄断；无线全覆盖，处处可上网、支撑和联结各个安防、通信、服务子系统与物业管理中心。

（2）物业服务。社区一卡通：社区服务的基础，身份权限管理客服中心：多种接入方式；信息发布：各种消息及时传达，广告推送盈利；社区电子商业：创新商务模式，整合周边商家资源；健康管理：足不出户的远程健康管理和健康咨询；社区教育：教育资源接入，与家庭多媒体系统结合。

（3）社区安全。视频监控：基于社区区域网，接入方式多样，业主在家，外出都可远程查看；停车管理：智能化管理，最大化利用停车资源；无人值守：利用智能分析大幅缩减人力成本；周界防范：高识别率的入侵检测，声光报警。

（4）家庭应用。可视对讲：IP 化布线简单，社保可靠，使用灵活，视频体验佳；视频通话：邻里、家人随时随地，各种终端，高质量的视频通话；智能家居：家电物联网应用，让家居环境更智能。

2.9 开发运营投资

2.9.1 开发建设与运营模式

为保障整个城镇的有序开发建设，提高城镇运营效率，在城镇的总体开发建设、投资与运营管理方面，应采取“整体规划、分步实施”和“大分散、小集中”的开发模式、“政府投资与企业投资相结合、以企业投资为主”的投资模式，以及“企业化、市场化运营相结合、以市场化运营为主”的运营模式。

在项目开发上，采用“整体规划、分步实施”和“大分散、小集中”的开发模式。从未来长远发展需要出发，先行对城镇各功能区和市政公用设施尤其是地下设施与管网进行超前性的总体规划和控制性详细规划，然后按照总体规划和控制性详细规划进行分步建设和实施。建设过程中不得违背总体规划的强制性内容，通过“整体规划、分步实施”，保证城镇有序建设和发展。在进行规划和分步实施中，需根据城镇环境优美、老年人“宜居”的要求，各功能区要间隔一定距离，相对分散布局，不能像一般经济功能型城镇那样紧凑、高密度布局，即“大分散”。同时，相关联的企业和设施要集中到一起，形成一个类似于产业园的功能区，使功能区内的各企业和产业以及基础设施与公共设施通过产业园式的集中、集聚，形成规模效益、互补耦合效应和设施共建共享，即“小集中”。在城镇总体规划要求下，通过“大分散、小集中”的园区式开发建设，逐步推进各功能区的独立开发与建设，使各功能区尽快形成发展规模和城镇的支撑能力，促进城镇相关设施。在项目运营上，城镇养老服务设施及养老地产项目可采取“出售与持有相结合”的运营模式。对于养老服务设施与养老地产这类竞争性领域的项目和设施，可采取自建自营的持有经营模式（“只租不售”模式）、全部出售模式、“出售 + 持有”相结合的模式、会员管理制模式，委托运营模式等进行运营管理。

2.9.2 老年宜居城镇的融资模式

老年宜居城镇建设涉及的产业领域广、项目类别多，不同属性的经营特性、商业模式不同，要求的生产组织方式和投入主体不同。老年宜居城镇主要涉及四大投资主体：养老设施、养老机构、城镇基础设施、养老配套产业。

2.9.2.1 养老设施

养老设施包括福利性养老设施、政策性养老设施、商业性养老设施。福利性养老设施通过公共融资来弥补成本，只是按照弥补成本实施途径的不同，主要包括政府直接提供和服务购买两种模式。政策型养老设施则通过政府对养老设施土地、税收以及金融等方面给予适当支撑，积极通过红十字会等一些非营利组织，进行志愿性社会融资运行。政策型养老设施的目标客户群体是低收入者，以提供护理型服务为重点，其投入以社会资本为主，政府根据实际情况，给予必要的政策与资金支持；商业性养老设施一般采用不同的营利模式，包括出售、出租多种模式。通过引进一些实力强、资金雄厚的企业，对重点商业设施开发建设。

2.9.2.2 养老机构

相对于资本密集的养老设施，养老机构则投入更多的人力资本，更需管理创新。目前来看，养老机构以直接入股权投入为多，其运营管理过程的经营现金流多为正。新成立的养老机构应加强与国内外养老机构的交流，专业养老机构应采用股份合作模式，引进养老设施投资者、医疗健康管理机构和养老基金等战略投资者。

2.9.2.3 城镇基础设施

实践中多样的生产组织机构和融资主体，加之资本市场和财政制度的影响，形成了城镇基础设施不同的投融资模式。

国有企业的市场化融资模式。其主要特点是产品或服务可收费，资产和生产资料公共占有，生产主体为按市场化经营的国有企业。

国有事业的财政融资模式。其主要特点是产品或服务不能直接向使用者收费，资料和生产资料公共占有，生产主体按财政事业单位管理，主要包括城镇道路及生态环境的治理等。

公私合作融资模式。其主要特点是产品或服务可收费，单一收费不能完全弥补成本，需要政府补贴给私人投资者，主要应用在城镇污水处理等。

私人特许经营融资模式。私有机构通过获取特许经营权来提供服务，生产主体为按市场化经济的私有或股份企业，如私人城镇供水工程、收费道路等，可利用的市场化融资工具较多。

2.9.2.4 配套产业

配套产业为竞争性产业，其融资为市场化融资。一般来讲，受公司信息不对称影响，追求股东利益最大化的企业，在不同的成长阶段，融资模式不同。初期应以内涵式融资为主，中期以债务融资为主，成熟期可进行股权融资。

2.10 弘扬敬老文化

中国素有“礼仪之邦”之称，强调亲情、友情、乡情等，倡导“尊老爱幼”。“孝道”作为一种代际关系不仅融合了情感色彩，更重要的是承载了养老的社会功能。关于尊老敬老的文化早已开始并延伸到社会中的所有年龄群体。关于老龄化相关知识的普及教育从基层开始，让人们学会如何善待老年人。人们可以通过文化的传播为老龄化社会做好准备。在很多城镇已经逐渐意识到敬老文化这一城镇文化的重要性。

2.10.1 鼓励老年人社会参与

目前，老年人普遍反映他们对于参与社会体验的态度是矛盾的。一方面，许多老年人认为他们受到了尊重、认可和包容。另一方面，有时又是忽略老年人某一方面的需求，从而降低了老年人参与社会的体验感。许多参与社会活动的老年人对他们的活动非常满意。

老年人的社会参与离不开社区对老年人的帮助。社区的人大多是邻居或者熟悉的人，大家能够经常见面，彼此了解，是彼此信赖的人。社区推荐的参与社会的机会会更受老年人的青睐。社区组织的老年人社会参与活动极大地帮助了老年人更有效地进行社会参与。退休后许多老年人继续为他们的社区进行无偿和自愿的工作，为居住地的社区做出贡献也是参与社会的一种比较好的方式。

2.10.2 促进代际交流

广泛的代际沟通被视为一种对抗年龄歧视的方式，促进几代人彼此了解，增加年轻人对待老年人的耐心和尊重。多年龄的代际活动被认为比老年人群的单独活动更加有吸引力。社区应该提供空间和设施来促进多年龄的代际活动。一些国外发达国家的老年人活动中心常常位于一个当地社区小学的旁边，并且定期举行老年人与学生之间的交流活动，这样大大方便了代际活动的举行。

代际交流中老年人会给年轻一代人传递传统的实践知识和经验，而年轻人能够提供更多的新知识，帮助老年人适应快速变化的社会。许多地区的老年人希望他们的家庭成员也参与到他们的活动中。老年人很想和家人一起参加活动。然而，有些家庭没有给老年人提供足够的参与代际活动的时间，特别是如果祖父母需要照看孙子，就没有足够的时间投入到交流活动中了。

2.10.3 在弘扬敬老文化中，政府要切实履行起职责

在现代社会，对于子女而言，对长辈尽孝养老首先是一种伦理责任；而对政府而言，关心照料老人则首先是一种社会责任。因此，政府在作为弘扬敬老文化倡导者的同时，最主要的职责是为养老敬老提供基本覆盖全体国民的社会养老保障制度。新修订的《中华人民共和国老年人权益保障法》第十八条规定："家庭成员应当关心老年人的精神需求，不得忽视、冷落老年人。与老年人分开居住的家庭成员，应当经常看望或者问候老年人。"[①] 在当今条件下，一方面家庭规模结构和功能正发生急剧变化，呈现居住离散化、关系松散化的趋势。另一方面，老年人的需求急剧增加。如何在当今条件下履行法律责任，在全社会弘扬敬老孝老文化，政府应当加强研究并出台相关政策。

---

① 中华人民共和国司法部. 中华人民共和国老年人权益保障法 [DB/OL].http://www.moj.gov.cn/Department/content/2019-01/17/592_227062.html.

2.10.4 构建社区敬老文化

弘扬敬老文化的“最后一公里”就在社区。在社区树立敬老、助老、养老的文化氛围，弘扬敬老、助老、养老的社会风尚是老年宜居社区构建软实力的重要一环，老年宜居社区要满足老年人积极向上的多样化精神、情感和心理需求，发现和创造老年生活的趣味和价值，让人们度过有品质、有意义、有尊严的老年生活。

（1）敬老文化:“孝老”是敬老文化的核心思想和关键所在。中华民族优秀传统文化中孕育着博大精深的孝文化。孝，一代一代相传至今，是维系家庭和谐，以及社会和谐的纽带和支柱。对社区居民“孝亲敬老”文化的教育，夯实家庭敬老爱老的传统美德的传承。孝敬老人，不仅是个人道德行为，也是社会的最基本组成部分。个人孝行，也承担着一定的社会责任，有利于社会公德的营造和保持。尤其是对社区年轻人的敬老文化培养，有利于促进社区的代际和谐。一个家庭，一个社会，既有同代人，又有上下代人。如果上下代之间，相处不融洽，彼此关系紧张，会存在冲突和矛盾；如果上下代之间，尤其是跨代之间的关系融洽，可以极大地提高老年宜居环境的软实力，对老年人的身心健康调节起到重要的作用。

（2）助老文化:“尊老”是助老文化的核心思想和关键所在。助老文化突出营造老年人从依赖子女的传统文化到彰显老年人独立性的新助老文化的变化，和对社会和家庭成员的价值观、行为模式观念的改变。在之前依赖性文化的长期影响下，父代和长辈也形成一种理所应当的由子女或晚辈侍奉、照料、赡养的文化心理。养儿防老的思想和行为正是这种文化心理的真实写照。这富含依赖性的心理，也使得老年人在现实的养老过程中缺乏生活选择的自主性。现代社会的助老与传统社会有着天壤之别，更注重倡导建立在人格独立、人权平等、相互尊重基础之上的养老、尊老和敬老。新时期的敬老文化除了摈弃子女或晚辈失去自我、缺乏主体性的唯老为尊，更提倡老年人自身也应该从被动消极的“依赖型养老”转向主动积极的“独立型养老”，培养自信、自立和自强的自我养老文化[①]。

养老文化:“乐老”是养老文化的核心思想和关键所在。丰富多彩地针对不同需求的多种养老文化是主要养老诉求之一。根据不同的地域风俗，依据当地风俗因地制宜地制定养老文化。用丰富多彩的养老文化氛围满足老年人的积

① 姚远，范西莹.从尊老养老文化内涵的变化看我国调整制定老龄政策基本原则的必要性[J]. 人口与发展，2009，15（2）:81-86.

极向上、多样化的情感和心理诉求。此外，还要形成发展社区多文化体系，通过丰富的社区活动激发老年人的兴趣，倡导特有的、健康的民风民俗，增强社区老年人的幸福感和归属感。通过多种体验文化活动维系起老年人良好的沟通交流的渠道，提高老年人的生活质量和幸福指数。比如，在社区组织植树活动、各种花果茶、花卉草本糕点的制作，让社区每一个参与其中的老年人，心灵感受到鲜花的美好；书画交流活动，书画苑可以为广大老年书画爱好者建立沟通交流平台，满足大家对其展示和交流的需要；音乐运动综合活动，举行文艺演出，给老年人唱出风采、跳出舞姿的舞台，并配合各种健康的体育运动，给老年人带来身心愉悦的感受。

2.11 老年宜居城镇规划指标体系

在《宜居城市科学评价指标体系》、《中国人居环境奖评价指标体系》、《国家卫生城市标准》（2014 版）基础上，提取相关规划指标，结合本课题研究及相关研究进行丰富、完善及指标适老化修正，并考虑广大农村地区老年宜居环境建设及未来老年宜居环境发展趋势，初步提出老年宜居城镇规划指标体系配置建议，以期对未来老年宜居城镇科学评价指标体系提供参考。老年宜居城镇规划指标体系共 5 大项，19 中项，68 分项。（表 2–12）

老年宜居城镇规划指标体系设置建议表 [2][3][46][52][54][60][61][62][63][64][65][66][67][68][69][70][71][72] **表 2–12**

<table>
<tr><th colspan="3">老年宜居城镇规划指标体系</th><th>参考指标</th><th>规划指标</th><th>资料来源</th></tr>
<tr><td rowspan="9">公共开放空间</td><td rowspan="9">总体布局</td><td>镇区拥有人均 2 平方米以上绿地的居住区比例（%）</td><td colspan="2">100%</td><td>《宜居城市科学评价指标体系》</td></tr>
<tr><td>镇区距离免费开放式公园 500 米的居住区比例（%）</td><td colspan="2">100%</td><td>《宜居城市科学评价指标体系》</td></tr>
<tr><td>广场规划人均用地</td><td colspan="2">≥ 0.4 平方米 / 人</td><td>《城市绿地规划标准（征求意见稿）》</td></tr>
<tr><td>建成区绿化覆盖率 (%)</td><td colspan="2">≥ 40%</td><td>《中国人居环境奖评价指标体系》</td></tr>
<tr><td>建成区绿地率（%）</td><td colspan="2">≥ 35%</td><td>《中国人居环境奖评价指标体系》</td></tr>
<tr><td>镇区公园绿地服务半径覆盖率（%）</td><td colspan="2">≥ 90%</td><td>《中国人居环境奖评价指标体系》</td></tr>
<tr><td>城镇公园主要活动区域无障碍设施及通信、信息交流等软环境设施建设率</td><td colspan="2">100%</td><td>《中国人居环境奖评价指标体系》</td></tr>
<tr><td>城镇公园无障碍设施</td><td colspan="2">新建达标率 100%；已建改造率≥ 70%</td><td>《发达地区养老服务设施规划研究——以昆山为例》</td></tr>
<tr><td>城镇公园园艺疗愈场地设置率</td><td colspan="2">100%</td><td>《互助型老年宜居城镇规划研究》</td></tr>
</table>

续表

<table>
<tr><th colspan="3">老年宜居城镇规划指标体系</th><th>参考指标</th><th>规划指标</th><th>资料来源</th></tr>
<tr><td rowspan="5">公共开放空间</td><td>总体布局</td><td>城镇老年养护院内康复花园设置率</td><td colspan="2">100%</td><td>《互助型老年宜居城镇规划研究》</td></tr>
<tr><td rowspan="2">绿化种植</td><td>绿化种植无毒、脱敏化率</td><td colspan="2">100%</td><td>《既有社区室外环境适老化改造的问题与对策》</td></tr>
<tr><td>绿化种植区为坐轮椅老年人布置抬高花床等高台种植区</td><td colspan="2">≥ 1 处</td><td>《既有社区室外环境适老化改造的问题与对策》</td></tr>
<tr><td>环卫设施</td><td>老年人集中的室外活动场地内满足老年使用的公用卫生间覆盖率</td><td colspan="2">100%</td><td>《老年人照料设施建筑设计标准》（建标 450-2018）</td></tr>
<tr><td>标识设施</td><td>考虑老年人辨识能力的标识设置率</td><td colspan="2">100%</td><td>《既有社区室外环境适老化改造的问题与对策》</td></tr>
<tr><td rowspan="14">交通出行空间</td><td rowspan="6">车行交通设施</td><td>人均拥有道路面积（平方米 / 人）</td><td colspan="2">15 平方米</td><td>《宜居城市科学评价指标体系》</td></tr>
<tr><td>建成区道路面积率（%）</td><td colspan="2">≥ 15%</td><td>《中国人居环境奖评价指标体系》</td></tr>
<tr><td>林荫路推广率（%）</td><td colspan="2">≥ 70%</td><td>《中国人居环境奖评价指标体系》</td></tr>
<tr><td>人行横道信号灯倒计时显示器、路口安装听觉信号装置设置率</td><td colspan="2">宜为 100%</td><td>《上海市老年友好城市建设导则》</td></tr>
<tr><td>6 车道以上（含 6 车道）的道路，在人行横道中央行人二次过街安全岛设置率</td><td colspan="2">宜为 100%</td><td>《上海市老年友好城市建设导则》、《发达地区养老服务设施规划研究——以昆山为例》</td></tr>
<tr><td>机场、火车站、汽车站、港口码头、旅游景区等人流密集场所为老年人设立的等候区域和绿色通道建设率</td><td colspan="2">宜为 100%</td><td>《关于推进老年宜居环境建设的指导意见》</td></tr>
<tr><td rowspan="5">公共交通设施</td><td>镇区公交站点 300 米半径覆盖率</td><td colspan="2">≥ 75%</td><td>《发达地区养老服务设施规划研究——以昆山为例》</td></tr>
<tr><td>养老设施周边 200 米范围内公交站点覆盖率</td><td colspan="2">100%</td><td>《发达地区养老服务设施规划研究——以昆山为例》</td></tr>
<tr><td>公交站台无障碍设施达标率</td><td colspan="2">100%</td><td>《发达地区养老服务设施规划研究——以昆山为例》</td></tr>
<tr><td>公共交通出行分担率</td><td colspan="2">≥ 20 分钟</td><td>《中国人居环境奖评价指标体系》</td></tr>
<tr><td>公交站点爱心座位和遮雨棚设置率</td><td colspan="2">宜为 100%</td><td>《上海市老年友好城市建设导则》</td></tr>
<tr><td rowspan="3">慢行交通设施</td><td>慢行交通空间无障碍达标率</td><td colspan="2">100%</td><td>《发达地区养老服务设施规划研究——以昆山为例》</td></tr>
<tr><td>慢行通道沿线休憩设施间隔</td><td>500 米</td><td>450 米</td><td>《发达地区养老服务设施规划研究——以昆山为例》+ 数据修正</td></tr>
<tr><td>步行和自行车出行分担率（%）</td><td colspan="2">≥ 40%</td><td>《中国人居环境奖评价指标体系》</td></tr>
</table>

续表

老年宜居城镇规划指标体系			参考指标	规划指标	资料来源
交通出行空间	无障碍设施	城镇新建道路、广场等公共空间及老年人照料设施的无障碍设施及通信、信息交流软环境建设率	100%		《发达地区养老服务设施规划研究——以昆山为例》、《中国人居环境奖评价指标体系》
		已建道路、广场等公共空间及老年人照料设施的无障碍改造率	≥ 70%		《发达地区养老服务设施规划研究——以昆山为例》、《关于推进老年宜居环境建设的指导意见》
交通出行空间	无障碍设施	主要公共建筑无障碍设施及通信、信息交流等软环境设施建设率	100%		《中国人居环境奖评价指标体系》
	停车设施	老年人照料设施出入口无障碍停车位或无障碍停车下客点建设率 / 改造率	100%		《老年人照料设施建筑设计标准》（建标 450–2018）
养老服务设施空间	老年人照料设施	平均每百位老人拥有养老床位量	4 床 / 百老人		《城镇老年人设施规划规范》（GB 50437—2007）（2018 年修订）
		养老院配建标准	建设规模不宜少于 20 床；每个照料单元设计床位数≤ 60 床；按建筑面积≥ 35 平方米 / 床、用地面积 18 ~ 44 平方米 / 床配置		《老年人照料设施建筑设计标准（建标 450–2018）》、《老年人照料设施建筑设计标准》（建标 450–2018）
		城镇老年养护院覆盖率（%）标准值	100%		《互助型老年宜居城镇规划研究》、《城镇老年人设施规划规范》（GB 50437—2007）（2018 年修订）
		老年宜居城镇特殊老年养护院覆盖率（%）标准值	宜 100%		《互助型老年宜居城镇规划研究》
		老年养护院配置标准	建设规模不宜少于 20 床；每个照料单元设计床位数≤ 60 床；按建筑面积≥ 35 平方米 / 床、用地面积 18 ~ 44 平方米 / 床配置		《老年人照料设施建筑设计标准（建标 450–2018）》、《老年人照料设施建筑设计标准》（建标 450–2018）
		特殊老年养护院配置标准	为高、病、残、痴人员提供特殊照料的场所，宜针对不同的服务人员分层隔离设置；老年人全日照料单元设计床位数宜≤ 60 床，失智老年人照料单元设计床位数宜≤ 20 床		《老年人照料设施建筑设计标准（建标 450–2018）》、《残疾人托养服务机构建设标准》（建标 166–2013）

续表

老年宜居城镇规划指标体系			参考指标	规划指标	资料来源
养老服务设施空间	医疗设施	医院配建标准	有条件的二级以上综合医院开设老年病科，老年病区床位规模不超过 50 张		《医疗机构设置规划指导原则》（2016-2020 年）
		门诊服务半径	≤ 1000 米	≤ 900 米	《城市居住区规划设计标准》（GB50180-2018）+ 数据修正
		万人拥有卫生服务中心数量（个）	≥ 0.3 个		《中国人居环境奖评价指标体系》
		万人拥有医院床位数（张）	≥ 40		《中国人居环境奖评价指标体系》
养老服务设施空间	急救设施	老年宜居城镇急救中心覆盖率（%）标准值	100%		《急救中心建设标准》（建标 177-2016）、《互助型老年宜居城镇规划研究》
		急救中心配建标准	按 1.5 万人一辆配置急救车辆，急救车配备≥ 5 辆；用地面积≥ 1000 平方米；建筑面积≥ 850 平方米		《急救中心建设标准》（建标 177-2016）
	教育设施	每万人拥有公共图书馆数量（个）	0.3 个		《宜居城市科学评价指标体系》
		老年学校配建标准	建筑面积宜≥ 300 平方米		《发达地区养老服务设施规划研究——以昆山为例》
	文体设施	人均拥有公共文化体育设施用地面积（平方米）	≥ 0.6 平方米		《中国人居环境奖评价指标体系》
		居民运动场馆服务半径	≤ 1000 米	≤ 900 米	《城市居住区规划设计标准》（GB50180—2018）+ 数据修正
		居民运动场馆配建标准	建筑面积 2000 ~ 5000 平方米，用地面积 1200 ~ 1500 平方米，体育场宜设置 60 ~ 100 米直跑道和环形跑道		《城市居住区规划设计标准》（GB50180—2018）
		城镇老年服务中心（含老年志愿者服务中心、老年再就业服务中心）服务半径	≤ 1000 米	≤ 900 米	《城市居住区规划设计标准》（GB 50180—2018）、《综合型养老社区功能空间模式及指标体系研究》+ 数据修正
		城镇文化活动中心（老年活动中心）服务半径	≤ 1000 米	≤ 900 米	《城市居住区规划设计标准》（GB 50180—2018）+ 数据修正
		城镇文化活动中心（老年活动中心）配建标准	建筑面积 3000 ~ 6000 平方米；用地面积 3000 ~ 12000 平方米		《城市居住区规划设计标准》（GB50180—2018）
居住空间	建设要求	镇区老年宜居社区比例（2020 年）	60%		国务院印发《"十三五"国家老龄事业发展和养老体系建设规划》
		农村地区老年宜居社区比例（2020 年）	40%		国务院印发《"十三五"国家老龄事业发展和养老体系建设规划》

续表

老年宜居城镇规划指标体系			参考指标	规划指标	资料来源
居住空间	建设要求	人均居住用地面积	Ⅰ、Ⅱ、Ⅵ、Ⅶ气候区 50.0 ~ 80.0 平方米 / 人；Ⅲ、Ⅳ、Ⅴ气候区 45.0 – 75.0 平方米 / 人		《城乡用地分类与规划建设用地标准》（GB 50137）（征求意见稿）
		人均住宅建筑面积（平方米）	≥ 26 平方米		《宜居城市科学评价指标体系》
		人均住房建筑面积 10 平方米以下的居民户比例（%）	0%（负指标）		《宜居城市科学评价指标体系》
	住宅类型	普通商品住房、廉租房、经济适用房占城镇住宅总量的比例 (%)	70%		《宜居城市科学评价指标体系》
	住宅类型	保障性安居工程目标完成率（%）	连续三年≥ 100%		《中国人居环境奖评价指标体系》
其他	环境质量	空气质量 (%)	AQI ≤ 100 的天数占全年天数比例≥ 80%		《中国人居环境奖评价指标体系》
		地表水环境质量 (%)	达标率 100%		《中国人居环境奖评价指标体系》
		城镇区域噪声平均值（分贝）	≤ 60db		《中国人居环境奖评价指标体系》
	环卫设施	城市污水处理率	≥ 95%		《中国人居环境奖评价指标体系》
		城市生活垃圾无害化处理率	100%		《中国人居环境奖评价指标体系》
		公厕拥有量（座 / 平方公里）	≥ 3.5		《中国人居环境奖评价指标体系》
		主次干道、车站、机场、港口、旅游景点等公共场所的公厕	不低于二类标准		《国家卫生城市标准》（2014 版）
	城镇安全	老年人主要活动区域报警系统、监控系统等紧急救援网络完好率（%）	宜为 100%		《关于推进老年宜居环境建设的指导意见》、《终生社区，终生住宅——英国城市的适老化建设路径》
		公共消防基础设施完好率（%）	100%		《中国人居环境奖评价指标体系》

注：

1. 鼓励企事业单位和政府部门利用存量建设用地或培训中心、厂房、校舍等优先建设养老服务设施；支持度假村、酒店、招待所、疗养院等转型为养老机构，除本系统人员养老外，向社会开放。

2. 有条件的地区可设置护理大学（学院）。

第3章

构建老年宜居社区

3.1 老年宜居社区综述

3.1.1 老年社区的发展现状

社区养老最早出现在美国，但其理论根源却要追溯到英国。为提高其国家老年人的生活质量，社区照顾的理论在英国兴盛开来。1958 年，英国卫生部长提出对于老年人服务的基本原则：对老年人而言，最佳的地方就是自己的家，若必要时可以通过居家服务予以帮助①。

为了应对日益严峻的人口老龄化挑战，英国政府提出了“终生社区”发展策略，从人们生活的社区、邻里出发，强调改变日常生活环境，如提供更便捷的交通工具、提供更多的无障碍公共设施和休闲空间等。通过提高社区邻里空间的安全性，使老人能够积极参与社会生活。英国的经验，对老龄化程度日益加剧的中国具有很好的借鉴意义。其经验归纳如下：一是强有力的政策支撑是推行终生社区、终生住宅理念的重要保证；二是建立多途径的推广平台，借助各方力量促进终生社区、终生住宅战略的实现；三是技术路线清晰，便于全方位推广；四是关注老年人的生活质量，推行“住房—健康—服务”三位一体的解决方案[75]。

持续照护是社区养老理论的核心理念，它的定义源于美国老年住宅协会：对于随时间而有不同需求的老年人持续性提供完整范围的住宅、生活照护与建筑、健康照护服务的组织。

CCRC（Continuing Care Retirement Community）持续照料退休社区是其中最为典型的模式。CCRC 起源于美国，通过美国各大地产商多年的经营，老年社区已经逐渐成熟，开发模式也趋于多样化，形成了较为全面的养老居住建筑和人性化的服务设施类型。通过为老年人提供自理、介护、介助一体化的居住设施和服务，使老年人在健康状况和自理能力变化时，依然可以在熟悉的环境中继续居住，并获得与身体状况相对应的照料服务②。CCRC 综合了各种类型的人性化养老服务，拥有完善的无障碍社区规划和住宅设计，全面覆盖身体状况，从健康到虚弱，生活自理程度从独立居家生活到需要辅助生活的各阶段老年人，具体包括独立型老年住宅、介助老年住宅、介护老年住宅、老年痴呆病院、临终关怀等。美国老年城镇、可持续照料退休社区大多建在郊区或小城镇，建筑以低层住宅、别墅为主。

① 陈军．居家养老：城镇养老模式的选择社会 [J]. 社会，2009.

② 高辉，相亚成．基于美国 CCRC 的我国养老房产开发研究 [J]. 现代物业（上旬刊），2014，13(6):117-119.

中国的国情带有一定的特殊性，中国传统理念中长时间里并没有社区的概念，中国家庭长时间成了赡养老人的主体，但是随着我国家庭结构的变化和老龄化的加剧，中国以家庭为主的养老方式已经远远不能满足我国日趋严重的老龄化形势。

我国有学者认为：社区养老是政府支持，以社区为核心，老年人可享受专业化的养老服务设施和服务的居住生活区域。社区养老就是建立在老年社区上的一种养老模式。

但是我国的大部分既有住区和住房是在20世纪80年代开始大规模建设的，由于当时的重点目标和任务是满足我国人民住房数量上的需求，而没有顾及到对于住区功能服务细分化的构建。所以，导致在老龄化日趋严重的背景之下，我国目前的老年社区和社区养老服务等并不能满足我国老年人的需求。

主要集中的问题在如下几个方面：社区养老服务形式单调，养老配套服务设施简陋；贫富差异导致各地社区发展不均衡，尤其体现在社区养老服务地域差异化方面；社区资源有限，不能满足社区越来越多的老年人的需求，需要开放和调动协调更多的资源参与到社区养老服务中来。所以，对于提高社区的养老方面的问题应该极早地引起我们的重视，这其中包括新建社区也包含既有社区的改造。

近些年，国内外的相关研究逐渐开始加强对老年社区构建的研究。2007年世界卫生组织（WTO）发表的《全球老年友好城市建设指南》提出了老年人居住社区环境构建的具体项目：户外空间、公共建筑、住房、社会参与、卫生和社区服务，并对每个方面提出了具体的核对标准，该指南为老年宜居社区的构建提供了一定的参考①。由上海市质量技术监督局发布2017年开始实施的《老年宜居社区建设细则》在住房建设、公共设施建设、服务供给建设、生态环境建设、社会文明建设这几大方面提出了具体的要求②。

3.1.2 老年宜居社区的概念与目标

2016年10月12日，全国老龄办、发改委等25个部门联合签发《关于推进老年宜居环境建设的指导意见》[2]，作为我国老年社区建设的新起点，成为我国制定的首个关于老年宜居环境建设的指导性文件，全面提出了“老年宜居环境建设”新理念，指出环境建设要充分考虑人口老龄化因素、适合人口老龄

① 胡庭浩，沈山，常江．国外老年友好型城镇建设实践——以美国纽约市和加拿大伦敦市为例[J]. 国际城镇规划，2016，31(4):127-130.

② DB31/T 1023—2016 老年宜居社区建设细则．上海市政府，2017.

化社会发展的新要求，环境建设要以人口、经济、社会和老年人为出发点，充分考虑老年人身心特点，满足老年人的需求。五年老年宜居环境建设目标，提出形成一批各具特色的老年宜居城镇、老年宜居社区，从而将我们目前老年宜居社区的建设由试点探索转向全国范围内创建。在阐述如何构建老年宜居社区之前，我们要先弄清什么是老年宜居社区？关于老年宜居社区基本概念的阐述如下：

老年宜居社区是为老年人能积极参与、可从中获得价值，并且配备能满足老年人需求的基础设施和服务的社区。（ALLEY D et al.，2006）

老年宜居社区是为老年人积极参与，拥有满足老年人需求的完善基础设施和服务的地方。（FITZGERALD K G D et al.，2014）

那么老年宜居社区关注的要点或者原则是什么？老年宜居社区应遵循以下的原则：

①安全性：关注针对老年人各种能力下降而采取的必要措施，避免老年人在日常活动中的各种危险，确保安全。

②便利性：满足各项基本需求的资源充分性，如各项社区公共服务的可及性。

③适用性：关注养老需求的地区差异、城乡差异和人群差异。对于不同地域的自然环境、人文环境及社会环境，提出具有针对性的适老化技术对策。

④舒适性：整体空间布局和细部适老化设计应逐步改善老年人在使用过程中的肢体舒适性和心理愉悦度。

⑤交往性：针对老年人退休后社会角色转换、闲暇时间增多、与社会日益脱节的趋势，规划设计多层次的交往空间环境，以满足老年人的交往需求①。

最后，我们会问老年宜居社区想要达到的基本目标是什么？《老年宜居社区建设细则》[79]中明确规定老年宜居社区的基本建设要求：应为老年人提供符合其生理和心理特点的住宅，提高老年人居住满意度；应为老年人提供社区公共设施，提高社区老年人服务设施的质量和使用效率；应建立符合老年人需求的居家养老支持体系，为老年人提供专业化、多样化、多层次的为老服务内容；应为老年人提供安全舒适的生态居住环境；应建设代际和睦、人人共享、和谐发展的全龄宜居适老的社会环境。

老年宜居社区可以理解为以老年人的行为尺度为指导、以需求为中心，拥

① 于一凡．老年宜居环境的规划与设计要求 [J]. 建设科技，2017(7):27–29.

有完善的适老基础设施和配置完善的公共设施，提供完善的居家养老服务和为老服务以及拥有生态宜居的生活环境社区，使老年人在健康状况和自理能力变化时，依然可以在熟悉的环境中继续居住，并对各类老人设置完善且相对应的照料服务。同时要注重追求代际间的互动交流、互惠互利，构建各代际需求能共通互补、各年龄居民均适宜居住的社区，同时强调“老吾老以及人之老，幼吾幼以及人之幼”的人文情怀。在规划层面上，全年龄宜居社区须重点设计共享空间和平台，创造各年龄层无意识的互动机会，建立彼此间的信任，营造社会“和谐发展全龄宜居家园”的氛围。

3.2 老年宜居社区的设施规划与社会治理

3.2.1 整体布局

3.2.1.1 老年宜居社区规划原则。

整体布局应层次清晰、系统完善，以现行规划设计规范为基础。根据老年人出行的距离和交往活动的特点，合理设置不同规模、尺度的空间布局。体现全龄化适老社区的可持续性和互惠互利性，妥善处理各类场地的适老性与普遍适用性，提供支持不同使用者和不同活动的兼容性。强化步行系统和绿化环境的连续性、安全性和舒适性，减少人车之间的交叉与干扰，妥善处理停车问题。针对老年人设施及室外活动需求的依赖度，将配置内容分为基础型、完善型、提升型，以此为依据进行分阶段、有重点的城镇建设，建设完善的无障碍设计体系。关注色彩、照明、高差等环境设计细节，在细微之处体现适合老年人活动的空间特色，帮助老年人在住宅区环境中实现自主和自理。为保健、养生、精神愉悦所做的努力，主要体现为规划和设计阶段的生态、环保举措和持续发展技术策略的应用。

老年宜居社区的空间尺度：空间上，老年人的 5 分钟出行距离大约是在 180 ~ 250 米内，450 米是老年人步行 10 分钟的距离，也是老年人的疲劳极限距离，可将 300 ~ 450 米作为老年宜居社区的服务半径，150 ~ 250 米作为老年邻里组团的服务半径[①]。由此，可推断社区用地规模为 25 ~ 65 公顷，组团用地规模为 5 ~ 20 公顷。适宜的老年宜居社区和组团人口规模是结合活动能力不同而划分的。结合国外对养老住区规模控制的经验，同时参考我国相关规定，综合推算得出入住老人以 5000 ~ 8000 人为宜。

① 陶澈．我国城镇混合老年社区规划研究 [D]. 华南理工大学，2012.

图 3-1 北京穆家峪养老社区活力组团模式及布局图
（资料来源：作者自绘）

3.2.1.2 老年宜居社区采用圈层式居住布局模式

老年宜居社区的空间布局往往围绕两级服务中心（社区级服务中心和组团级服务中心）组织周边社区功能。社区服务中心包括教育培训、康体医疗、休闲购物三大主题，同时为本地及辐射区域内周边居民提供贴心服务。每个居住单元作为一个独立的细胞，合理化安排服务中心及日间照料中心，组团级服务中心的设置也是考虑到老年人步行距离特殊要求，按服务半径 150 ~ 250 米要求布局。

老年宜居社区整体的研究方法是以组团布局为模块，通过与公共设施的模块化组合构建，这种布局模式相对比较灵活。规划的核心是考虑老年人的行动能力，在中心位置布置公共服务、中央公园等老年利用率较高的公共设施、最外围布置老年活力社区。老年宜居社区布局模式为“老年宜居组团 + 养老服务中心”。老年宜居社区养老服务中心主要包括社区公园、护理中心、托老所、卫生站、老年进修班、文化活动站、老年服务站、老年再就业服务站、居民健身设施等内容。老年宜居社区布局模式是以养老服务中心为核心，设施服务距离为半径，周边均匀分布老年宜居组团，组团与养老服务中心通过公共绿廊和步行系统连接，提高养老服务中心的可达性。

3.2.2 社区道路

社区道路交通主要是重点考虑安全便利的原则，社区道路交通主要涉及出行的无障碍性、层次性、衔接性。

出行的无障碍性重点是围绕社区步行路网的无障碍建设。清除社区步行道路的障碍物；保持社区路网的平整与通畅；增加合适的标识系统；改善社区道路的照明系统。

出行的层次性和衔接性要以打造适老、便捷的出行交通网络为目标，用多层级、多方式交通的出行模式，围绕慢行体系构建创造多样化的出行方式，提供安全便利的出行环境。主要目的是有效串联各个服务资源的交通网，构建提高幸福指数的可享受型的出行体系。

首先，将城镇绿色公交巴士引入社区内部，接驳社区级公交专线，保证每个生活组团都能够有便利的公共交通服务，方便老年人及其他年龄层次的人的日常对外联系及生活出行。

其次，以“外围骑行环道 + 内部步行环道”的慢行交通组织有效串联社区服务中心和各老年组团，通过连续的无障碍步行空间将各个组团有机联系在一起，保证社区居民能够舒适地享受社区的公共服务及生态绿色景观。在每个组团内部以规划设计养老服务综合体为中心，采用多级连廊系统——宅间连廊、公共建筑廊道，确保畅行无阻。连廊将各个住宅单元、养老服务综合体进行连接，为老人创造良好的室外步行条件和休息交流的空间，尤其是在北方寒冷地区作用尤为明显，同时还能降低老年人出现危险概率。老年住宅外围设置老年环形步道，为老人提供活动锻炼的场地，同时兼具消防车道的功能。整个社区采用全地下停车模式，在组团的入口处设置地下车库入口，内部采用完全的人车分离模式，为老人提供一个安全、舒适的居住环境。

3.2.3 社区服务设施

3.2.3.1 社区养老需求变化

（1）由单纯依靠家庭照料逐渐转向社会照料

我国传统家庭养老方式中老年人的生活服务基本上是由家庭承担的，而社会提供的比重极小。随着家庭养老方式陷入困境，养老生活服务社会化的趋势会逐渐加强。

（2）由零散分散式向围绕居家的集中式转变

目前，我国养老服务亟需的是使居家养老的老年人享受到社区服务，有效地利用社区串联起各个家庭，形成组团养老服务的综合体，以提高养老服务的整体性和资源协调性。

（3）由政府提供的单一服务模式向多样化专业化模式转变

目前的社区养老服务要具有多元化、社会化、专业化的特点；由原来的单一政府提供服务的模式转向通过非营利组织提供等多元化服务主体，社会服务网络，专业服务团队，面向全体老年人提供生活照料、康复护理、精神慰藉和社会参与等养老服务的综合载体及保障机制。

（4）由生活照料向积极养老的转变

养老服务不仅应包含医疗保健和照料护理服务，还应该包含心理咨询、精神慰藉等专业化服务。比延长寿命更为重要的是提高生命质量，倡导健康老龄化和积极老龄化，老年人更需要学习知识、陶冶情操、充实生活、服务社会、参与发展等方面的服务。在精神层面丰富老年人的生活是实现健康老龄化、积极老龄化最直接有效的手段。

3.2.3.2 社区养老设施布局

（1）圈层布局

社区养老设施的布局需要考虑时间和空间两个方面。时间上，根据相关研究，以家庭为出行圆点，老年人的主要活动半径为5分钟出行距离[①]。因此，结合老年人出行特点，引入“五分钟”生活圈概念，在老年人的可达性范围内，结合交通、医疗、教育等资源集中配置公共服务设施。对于部分大型社区中，服务设施距离较远的可以引入区内电瓶车交通系统，解决跨区域出行需求。结合老年人的出行尺度和社区规模要求，以300 ~ 450米作为老年宜居社区公共服务设施服务半径，以150 ~ 250米作为老年组团公共服务设施服务半径。养老服务设施空间布局需考虑“五分钟”生活圈概念呈逐级均等化圈层式布置。根据老年宜居城镇三级设施空间逐级打造社区养老服务设施体系，形成圈层式布局模式。

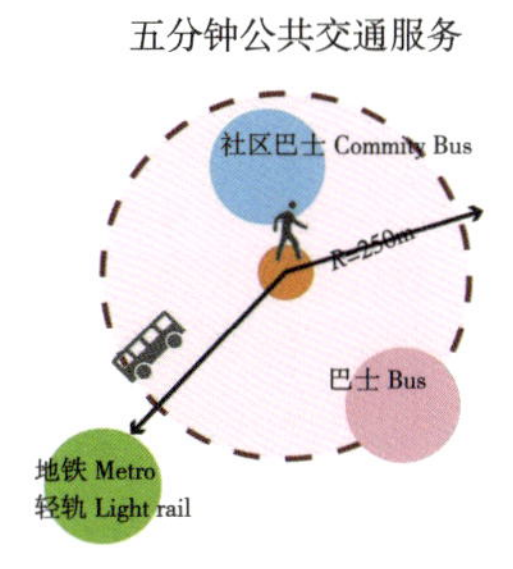

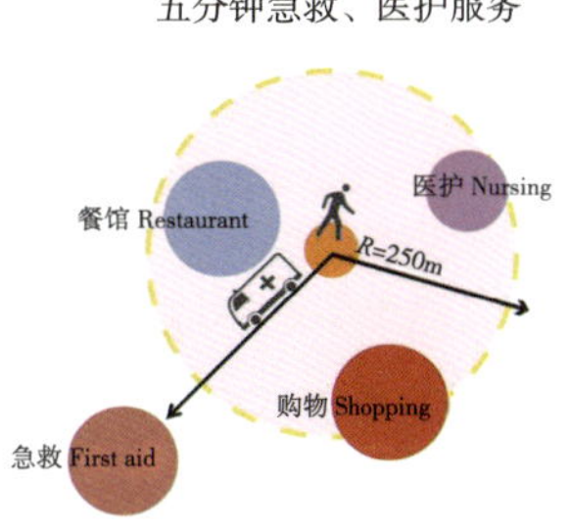

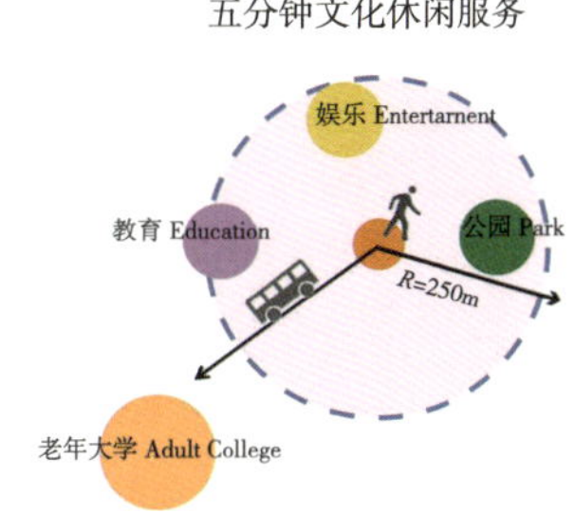

图3-2 五分钟生活圈及服务半径示意图
（资料来源：任彬彬，白淑军，李建华.新型城镇化思维下大城镇周边小城镇的发展特点与对策研究——以石家庄为例[J].小城镇建设，2015（4）.）

① 万邦伟.老年人行为活动特征之研究[J].新建筑，1994(4).

（2）多元服务

医疗保健、生活照料、社会生活和精神慰藉是目前社区养老服务设施重点服务的三个方面。根据相关调研，医务室、活动室和老年食堂排在目前社区老年服务设施选项的前三位①。

在内容方面，医疗护理保健是老年人最为关心的服务。社区养老服务体系的医疗护理保健建设，涵盖适应老人身体状态各阶段的连续服务——预防性服务、支持性服务和保护性服务，同时包括社会服务。利用社区医院或卫生站为老年人提供常见病症诊治、慢性病随访与预防保健等服务，分担急重病患与疑难杂症以外的日常医护服务，不仅能为老年人就医提供方便，也有助于缓解高等级专业老年医院和综合医院的压力。日常生活照料服务为自理存在困难的老年人提供日间照料和短期寄养服务的同时也要为老人提供各种为老、助老服务。社会生活与精神慰藉类设施为一般的老年人提供娱乐活动，根据主导功能的不同，可以细分为娱乐活动类、文化教育类和咨询援助类，是实现“老有所为、老有所学、老有所乐”目标的重要载体。社区应根据需求为住区的老年人配置老年大学、老年活动中心，目前提供社会生活与精神慰藉类内容的服务资源缺乏、惠及人群局限，这一方面的相关内容需要社区服务设施补充、改善、丰富。

3.2.4 公共开放空间

社区老年公共开放空间是社区老年人日常环境的重要组成部分，随着年纪的增大，他们的身体发生了很大的变化，各种感觉器官的功能变得迟钝，而且老年人在退休后突然闲暇下来，主要的活动范围从社会转移到了社区，生活环境的改变会引起老年人心理和行动上的变化，因此需要配套的公共空间和公共设施与之相适应，才能满足老年人的需求。

3.2.4.1 无障碍性

社区老年公共开放空间首先要注重的是无障碍性，公共开放空间应该少设置台阶、楼梯等设施，由于老年人身体机能退化，会对使用这些设施感到困难或者费力，而且还会增加受伤的概率。应该多设置诸如坡道等无障碍设施，这样不仅能够方便老年人使用，还能方便社区内其他身体不便的人群使用。除此之外还应多设置座椅，以方便老年人休息使用。

---

① 于一凡，田菲，贾淑颖 . 上海市社区居家养老服务设施体系研究 [J]. 建筑学报，2016(10):93–97.

3.2.4.2 交流性

保障人与人之间正常的交流与沟通是基本需求，老年人也不例外，这是维持人身心健康的一个重要因素。老年人随着岁数的增高远离社会生活，行动不便导致与他人的来往次数降低，长此以往会引发心理孤僻，因此需要在老年社区设立良好的交流空间,来消除他们无法交流产生的失落心理问题。一般来说，适合老年人进行谈话交流的公共空间主要是以花坛、廊段、亭等区域为主，注意采光和遮风避雨的功能，所以我们提出了风雨连廊的设计创意，主要用于满足老人每天外出散心交谈的需求。

3.2.4.3 文化性

目前老年人的文化也随着社会发展在不断增高，他们对知识的渴望不容小觑。因此，需要在老年社区公共空间加入读书交流的平台，以此满足他们精神上的需求，同时也提高了其生活质量。因此，在设计该区域的时候需要考虑到采光遮雨，可设置在住宅楼的底层位置区域。同时，考虑到残疾老人的需求，公共桌椅的摆设一定要适合轮椅方便通过的需要，这样使残疾老人也能够直接参与。

3.2.4.4 户外活动

社区内可以提供适合老年人健身器材的活动空间,能够强健老年人的身体，使他们身心都得到慰藉。但现在的健身设施设计没有考虑到老年人这一群体的特殊性。他们的抓握力、力道以及高度差等都是需要解决的问题，比如加大防滑的握杆、减小设备的难易度、降低健身器材的高度等都能给他们带来许多方便。退休老年人喜欢玩门球运动，这类活动能使他们身体保持年轻，同时需要动脑也防止了他们大脑的退化,并且在运动过程中还能与社会保持一定的联系，所以不会有寂寞、孤独的感觉，这对于他们的心理都有很大的帮助。同时，运动场地的安全措施也需要考虑，地面的防滑是安全运动的基础，可以使用ＰＶＣ弹性地板作为运动地面，具有绿色环保、防水、防滑等特性，使老年人的活动空间更加安全、健康。

越来越多的老年人甚至中年人喜欢跳交谊舞、广场舞，他们是以特殊的表演形式在公共场所多人演出的一种集体活动。在社区内设置舞蹈活动区域能够满足这些人的需求，与球类活动区一样，设计时也应考虑到防滑安全问题。针对该区没有剧烈运动的高要求防滑性，可以采用地坪漆，它具有很高的摩擦系数来保障活动时的安全性。同时还要考虑其他年龄群体的需求，尽量与住宅区域保持合适的距离。

3.2.4.5 绿色景观

社区要加大绿化景观相关公共空间的投入。强化绿色景观在养生、康复、心理协助领域的作用。通过充分发挥植物的生态和美化作用，促使老年人在社区内进行游园和观赏的同时，身心得到锻炼和康复。可以考虑提供相对较大面积的活动场地，以方便合院式住宅中多个家庭的集体活动，在场地中设置桌椅以及阳光暖房，便于社交、聚会、园艺栽植等。还可以针对需要康复锻炼的病人而设计专项花园，一般与医疗机构相结合。设计针对医疗机构满足病患体能恢复、行走锻炼、心理治疗等需求。

3.2.5 社区治理

1. 共建、共治、共享的社会治理格局

党的“十九大”报告中明确指出，加强社区治理体系建设，“打造共建、共治、共享的社会治理格局”。社区是基本的社会单元和平台，是社会和谐稳定的基石。随着我国老龄化的加剧，我们要把共建、共治、共享社区治理体系思想方针路线切实落实到老年宜居社区的管理建设上。

首先，鼓励和支持老年参与社区管理。深入落实积极老龄化思想，提供激励机制和政策支持鼓励老年人参与社区的各项活动中来。鼓励老年人根据自己的能力，自主选择参与社会的方式，可以自愿加入志愿者活动，志愿者活动是老年人社会参与的重要途径，也可以进行再就业。鼓励老年人自立自强，通过自己改善生活，实现自身价值。以此拓展老年人力资源，挖掘老年产业潜力，共建美好家园。支持老年人进行社会参与是积极老龄化的体现。积极老龄化不仅强调老年人的物质生活保障，更强调老年人通过积极参与社会发展，实现老有所为[①]。

其次，调动老年人积极性共同进行社区治理。社区是联系老年人、服务老年人的神经末梢，加强社区治理，既要发挥社区养老设施的服务作用，也要发挥社区老年人的自治功能，把社区老年人的积极性、主动性调动起来，做到“人人参与、人人负责、人人奉献”。通过调动老年人的积极参与性，充分发挥社区自治组织作用，围绕涉及居民群众切身利益的公共事业和公益事业，组织社区协商活动，吸纳老年人参与社区服务项目提出、运行、监督全过程，探索通过社区自愿筹资、建立社区基金等方式扩充自我服务资源。社区自治组织可以

---

① 夏辛萍 . 积极老龄化视野下敬老文化的传承与创新及老年人参与志愿者活动的问题与对策 [J]. 中国老年学杂志，2016(23).

发挥自身优势，鼓励老年人参与社区服务活动，培育有老年人参加的服务性、公益性、互助性社区社会组织，共同进行社区治理。

3.3 老旧住区的适老化改造

3.3.1 老旧住区适老化现状

现有的老旧小区，主要建于20世纪八九十年代。这些老旧小区的居住环境以现在的居住环境标准来衡量，显得十分简陋，存在空间狭小、外观陈旧破败、配套设施不完善以及老年服务设施不健全等现象。不论是社会需要（家庭人口的构成）还是技术需要（规范要求），或者是生活水平的需求（住房需求的细分），都决定了这些建于20世纪的一大批老旧小区，不能适应现代老年人的生活需求。

3.3.1.1 社会需要方面

计划生育政策带来家庭结构的变化，一般家庭都是“独生子”、“独生女”。计划生育政策的实施改变了人口结构，同时也让传统的家庭结构变为421，即一般家庭中会包含4个老年人、2个年轻人和1个孩子。由于发展需要，多数年轻人会选择聚居在新的住宅小区，而老旧小区则留下了大量的空巢老人。这使老旧小区成了城市里的“空心村”。这些“空心村”缺少必要的生活设施，同时也缺少活力，而这些都是现代老年人渴望的生活需求。

3.3.1.2 相关技术要求

当前适用于城市居住区规划及居住建筑设计的规范主要有《城市居住区规划设计规范标准》（2018年修订）、《民用建筑设计统一标准》（2019年）、《住宅建筑规范》（2005年），其他相关的规范如《建筑设计防火规范》（2014年修订）、《高层民用建筑设计防火规范》（2005年修订）、《无障碍设计规范》（2012年）、《老年人居住建筑设计规范》（2003年）等。所有这些规范均是在那些老旧小区建成之后颁布或修订的。就这些规范本身来说，有些规范也并未对住宅的适老化设计有足够充分的规定。

3.3.1.3 改造成本方面

对这批数量极大的老旧小区，大规模地拆旧建新无论从社会成本还是个人的经济支出来看，都是不现实的。目前的困境在于：第一，选取哪些设施的改造能够达到事半功倍的效果；第二，改造这些设施是否符合城市居住区的可持续发展要求；第三，在尽可能降低改造费用成本的前提下，对现有的住区进行适老化水平的提升。因此，改造之前的调研、预案和经济评估是目前适老化改造的必要步骤，同时也是目前比较欠缺的部分，尤其是对于小区环境和小区住房需求的细分化方面。

3.3.2 老旧住区适老化改造

住宅小区的适老化设计应注意：易识别原则、易到达原则、无障碍原则、安全性原则、易交往原则、生态化原则。对现有老旧小区的适老化改造，可以从硬件设施及软件配套两个方面进行综合考虑，具体可以从四个点切入。

3.3.2.1 社区道路改造

老旧小区大都面临车辆难停放与道路狭窄等问题，并且安全隐患严重。为此，社区为老年人在小区的主通道设置“绿色通道”：道路一侧的绿化带铺设0.8 ~ 1.1 米的植草砖，用来充当人行通道。这条“绿色通道”和主路之间，还应安装齐腰高的隔离栅栏，不仅可以实现人车分离，还能给老年人当扶手。道路两旁每隔十几米或是转角处设置石凳、木凳，以供老人休息。

3.3.2.2 公共设施

老旧小区普遍存在公共设施缺乏的问题，在进行改造时应当先分析老年人的身心特点，主要从休闲娱乐、医疗保健、终身学习等方面配置公共设施。休闲娱乐活动可以通过设置棋牌室、垂钓池、养花逗鸟场、舞蹈健身屋等设施来实现，也可以通过组织老年人参加适度的社交活动，以达到促进身心健康的目的。医疗保健设施可以结合社区医院来建设，强化对老年人的健康管理，并提供照护服务。终身学习可以通过设立社区老年大学来实行，使老人老有所学、老有所乐。由于空巢老人、独居老人现象比较普遍，并且老小区缺乏娱乐休闲设施和必要的生活服务，因此需要针对自理老人、介助老人、介护老人的不同情况，提供不同种类的服务项目。具体可以包括语音或视频电话问候、上门探访、外卖、陪护、家政等服务项目，也可以包括小区食堂、建立健康档案等自助项目，组成社区服务的一部分。为配合政府“963 养老模式”，社区规划建设集老年食堂、社区图书馆、电子阅览室、养老日托照料中心、健康诊所于一体的综合服务设施，用以满足老人学习、娱乐、交流的需求。除此之外，社区还开展了无障碍通道、消防设施、景观绿化和助老助残服务等适老化软硬件改造，更好地为居家养老服务。

3.3.2.3 设备设施的适老化改造

适老化居住区的设备设施必须充分照顾老年人的生理、心理特征。主要从几个要点入手：第一，考虑到老年人体力衰弱，应增加休息的设施、降低垂直交通频率和强度；第二，考虑到使用轮椅、助行器的老人越来越多，应保证小区内的无障碍通行设施完善；第三，考虑到老年人记忆力下降的因素，应强化、突出小区内道路与环境的可识别性。

这些设备设施的改造，主要集中在住宅外的公共区域，同时兼顾住宅内私人区域。居住区设备设施的适老化改造，具体可以着眼于以下方面：第一，多层住宅的电梯化改造。现行的建筑设计规范规定六层及以下的住宅不需要安装电梯，因此老旧小区中占最大数量的多层住宅，几乎都以楼梯作为垂直交通的通道。无论从老年人的体力还是部分坐轮椅的老年人来说，楼梯都是一个很大的障碍。因此，应当对老旧小区的住宅（尤其是四层以上的住宅），进行电梯化改造。目前可采用的电梯增设方式有内部增设和外部加挂两种。增设电梯时应注意轿箱进深、门洞宽度、按钮高度、扶手位置、防夹装置、地面平整及防滑等问题，采用适应老年人需要的设计。电梯厅及轿箱的尺寸应保证轮椅和急救担架方便进出。第二，小区车行道路系统改造。老旧小区在当时的场地设计时普遍未考虑人车分流，并且车位配置的比例偏低，尽管目前在老年人占多数的老旧小区里，机动车保有量较低，但节假日里儿女们回家也会带来机动车停车难的问题，对交流造成阻力。在改造小区车行道路系统时，既要考虑这部分“候鸟式”机动车对小区停车位的需求，又要考虑小区内救护、消防的需要。第三，道路无障碍化改造。小区内所有道路及公共部位均应考虑无障碍化，包括人行通道、公共建筑的走道、住宅楼的室内外通道等。第四，公共区域增加休息设施。在小区道路、公共绿地、健身场地、走廊、楼梯平台等区域，应根据老人的运动流线和密集程度适当距离增加适当数量的休息座椅，方便老年人随时就近休息。第五，强化道路和环境的可识别性。根据老年人的生理心理特点，强化小区的路径、出入口、区域的可识别性，通过标志物、植物、建筑小品、颜色、声音、灯光等，方便老人识别。在设置可识别物的时候应该尽量简单明了，不要过于复杂，具体设置应该与景观相结合，不要过于突兀。

3.3.2.4 建设以信息化为支撑的智慧小区

基于小区的智能系统，以信息化为支撑，把老旧小区改造成适合老年人生活的智慧小区，是小区适老化改造的一个重要途径。适老小区的智慧化改造包括三个方面内容：第一，在小区室内外的公共区域（道路、走廊、楼电梯、绿地、健身场、休息区等地）增设视频监控、呼叫对讲系统以及紧急呼救按钮，并且和小区的医疗中心、物业管理中心等联动，使老人在发生意外时第一时间得到救护。第二，基于智慧医疗、健康大数据采集的需求，在小区公共区域增设自助式健康采样终端，让老人在小区内能随时监控自己的心率、血压，在小区医疗中心定期监控各项健康指标，并形成老年人的健康数据档案。第三，基于互联网、移动通信及GPS系统的帮助，提供老人的定位服务，并和小区物管的应急中心联动，提供位置服务，预防老人发生不测。

3.4 优秀老年社区案例

3.4.1 社区互助

由于我国目前老年人口数量庞大，而且随着时间的推移，老年人的数量还会不断增多。我国目前传统的社区养老服务体系还不能马上承担起如此庞大的任务量，还需要开发其他方式和引入其他资源才能完全支撑起满足老年人的社区养老服务体系。比如社区互助养老模式，在资源配置相对紧张的前提下，社区互助养老模式焕发出了其他模式无法比拟的优势，并且在世界范围内和我国各个地区出现了很多自发行形成社区互助养老的探索。社区互助养老模式在本质上是基于交换和互惠的养老方式，它以家庭养老为基础，以各类社区养老服务设施为依托，利用老年人之间的同期群效应，以互助友爱为核心组建类型多样的互助养老"组群"[①]。社会互助养老模式具体可以分为如表3-1所示几类：

社会互助养老模式类型表 表3-1

序号	类型	实例	特点
1	集体经济基础上的互助养老模式	赣南老年人互助会[②]、河北周家庄养老人民公社[③]	集体经营，计划管理，通过集体分配资金运营，对集体经济依赖度高，地域特色明显
2	居家养老互助模式	甘肃省"农村互助老人幸福院"[④]、湖北省"老年人互助照料中心"[⑤]	为老年人提供细致的服务，满足老年人的实际需求
3	集中居住式	河北省肥乡县自建幸福院[⑥]、上海"合租互助"[⑦]	自带生活用品，互相供养，自我管理，满足群居需求及精神慰藉

① 吴香雪，杨宜勇．社区互助养老：功能定位、模式分类与机制推进 [J]. 青海社会科学，2016(6):104–111.

② 林贤志，李俊．老年互助会是农村"老有所养"的一种好形式 [J]. 中国老年学杂志，1992.

③ 郭小玉．家庭与集体供养相结合的农村养老保障模式探讨——基于河北周家庄的个案研究 [J]. 致富时代（下半月），2010(8).

④ 张晓峰．力推互助走人幸福院建设提升农村养老服务水平——解析《甘肃省民政厅关于建设农村互助老人幸福院的意见》[J]. 社会福利，2012(9):14–15.

⑤ 张思思．湖北省枝江市：农村互助养老服务试点工作取得初步成效 [J]. 社会福利，2012(7).

⑥ 赵志强．河北农村互助养老模式分析 [J]. 合作经济与科技，2012(10):68–69.

⑦ 贺丹，徐雷．论适应性设计在合租互助养老住宅中的运用 [J]. 大众文艺，2010(8):152–152.

续表

序号	类型	实例	特点
4	邻里互助式	日本邻里互助网络[①]、 陕西榆林邻里互助养老模式[②]	组织独居或者寡居的老年人，通过志愿者援助，老年人互动，提供生活照料、精神抚慰，一般医疗护理，不受地点限制
5	家族邻里互助养老模式		家族为中心的家族外的乡邻，对家庭内外的老人开展具有互助性质的经济帮扶和生活照护
6	时间银行	德国服务时间储蓄与管理政策[③]、 江苏省姜堰市“时间储蓄银行”[④]	将服务用时间来量化和积累，时间在一定程度上被货币化，通过有偿服务机制来实现当期服务成果的延期支付
7	组建家庭互助式	美国芝加哥哈尔斯提德中心提出的“家园共享计划”、[⑤] 德国弗莱堡福利公寓	分为老年人之间的互助，老年人与单亲家庭互助，老年人与大学生互助

社区互助养老是一种很好的助养方式，可视地方基本养老的成熟程度对其进行定位，在养老基础较好的地方，社会的促进作用为互助养老的长足发展提供保障。

首先，互助养老是对社区养老资源的一种重要补充，可以弥补照料和精神慰藉的不足。其次，在养老基础较差的地区，互助养老就可定位成一种新型养老方式。互助养老的价值弥补现有养老服务供给不足，未来也可以帮助老年人更好地参与社会、融入社会。当前互助养老潜力很大，实践证明具有较高的推广和普及价值，但实践也证明互助养老容易陷入简单自治和低质互助衍生养老风险中，因此必须发挥政府和社会的促进作用，为互助养老的长足发展提供保障。

下面结合一个关于互助养老社区的例子更形象地阐述互助养老社区的具体构建：

2013 年 1 月来自加拿大苏克镇的 8 个家庭成为海港之家（Harbourside）的创始成员，海港之家是一个位于加拿大不列颠哥伦比亚省苏克市（Sooke，BC，Canada）的一家养老共同居住社区。它以同居养老社区模式进行建设开发，其中包括容纳 31 个住宅单元的 7 个新建建筑——3 个双拼别墅、3 个四拼别墅以及一个包含 13 个居住单元的 3 层单体，而另外一座处于项目用地中的既有建

① 陈竞．邻里互助网络与当代日本社会的养老关怀 [J]. 中南民族大学学报（人文社会科学版），2008，28(3).

② 王璐，刘博．农村“邻里互助”养老模式的思考与建议——以陕西省榆林市清涧县为例 [J]. 当代教育理论与实践，2012(7).

③ 吕叶晨．农村空巢老人养老保障现状及改进对策 [J]. 经济研究导刊，2017(30):45-47.

④ 刘林，智东．“老年互助”式居家养老 [J]. 社区，2009(4):26-26.

⑤ 赫景秀．美国“结伴养老”一举三得 [J]. 社区，2011(11):60.

筑作为社区共享起居空间进行翻新和改造。作为支撑社区的一种基层模式，“互助”可以有效地帮助老人减少社交隔离，并作为一个积极、具有活力的老年邻居形象去支持社区中的不同群体。通常来说，在大多数同居式养老社区中，“互助”意味着杂务、驾车、做饭、活动和社交支持，给予或接受这些“帮助”都是以完全自愿的形式展开。

海港之家周边 5 分钟步行范围内包括便利店、杂货店、教堂、咖啡店、餐厅、邮局、公交车站、大型市政公共公园。通常同居式住房基于私人、集体的产权形式，可用于出租的住宅数量十分有限。海港之家项目得到了 CMHC（加拿大抵押贷款和住房公司）种子项目基金拨款 1 万美元和无息种子项目基金拨款 1 万美元和 5 万美元的建设发展融资贷款。海港之家项目拥有 31 个住宅单元分为 5 种不同的平面户型布局，所有户型都拥有南向海边观景平台。每个单元的平均面积约为 80 平方米。除住宅单元外，海港之家还包括一个绿化庭院、工作室、健身房、艺术教室、海边凉亭和其他共享起居空间。海港之家还将一间公寓翻新为“护理套房”，支持需要特殊需求的老年成员。已经有超过 7 家同居式养老社区根据海港之家的推广而建设完成。海港之家项目从各方面来说都获得了巨大的成功，导致同居式养老社区迅速扩散。

由于从共享空间和非营利开发商属性使其居住单元的价格会明显低于一般商品房价格。海港之家同居式养老住宅社区的规划、开发和建设是经过多年讨论研究的结果。在 2010 年项目最开始规划时，其组织了一系列相关会议讨论关于针对老年人类型的互助社区的设计、建造和使用。

其中关键性执行策略包括下面几个方面：

（1）创始成员在正式购买互助养老同居社区的用地前成立了有限责任公司，合法的组织结构是任何同居式社区团体必须要确定的重要决定。

（2）海港之家有限责任公司正式聘请顾问及撰写可行性研究报告，并申请对分区进行重新调整。

（3）全体成员同意正式的会员制管理结构，8 个创始股东家庭各自平均持有 20000 美元的质押股份。

（4）每个成员家庭认可“互助”的正式定义，其详细规定了人们参与照顾其他同居家庭的不同等级与程度。

（5）开发制定了经济性保障住房策略，同时同意以低于市场价出租两个居住单元。

3.4.2 代际混居

除了老年人之间的互助模式之外,还有“老+幼”模式和“老+青”模式，这些模式都不是以金钱或者物质的交换为基础的互助模式，而是建立在一种感情互动与情感依赖基础上的互助模式。这些例子都证明，养老事业的发展不能仅仅依靠经济的投入和规模的扩大，感情的投入和情感的互动才是老年宜居社区最终的“内涵”。

英国的“夜莺屋”(Nightingale House)养老机构:英国的“夜莺屋”(Nightingale House) 是全国最大的养老院之一，容纳着 200 多名老人，从外表上看，它和其他的养老院并无两样。今年 9 月，“夜莺屋”养老院和附近的一家托儿所联合开办了“苹果和蜂蜜夜莺”(Apples and Honey Nightingale) 代际学习中心。作为英国第一家“养老院+托儿所”代际学习中心，中心每个星期都准备了课程活动，在此期间，老人和孩子们可以一起做游戏、吃点心、学习简单的园艺。

在每一节课程开始之前，社工和教师们忙着做准备，老人们平静地坐在位置上，然而，井然有序的氛围难掩空气中的兴奋。每隔几分钟，老人们就会满怀期待地朝门口张望，看看孩子们的动静。不一会儿，十几个孩子摇摇晃晃地走了进来，一些老人伸出手臂鼓励着他们，试图用玩具逗乐。此外，由于养老院和托儿所位于同一区域，老人们在也可以随时自行前往托儿所，和小朋友们共度时光。

“苹果和蜂蜜夜莺”代际学习中心的创始人，同时兼任代际关怀项目的负责人阿里·萨默斯表示:“那些成日里不动弹的老人会探出身子和孩子们说话，蹒跚学步的小朋友也把老人当作依靠，整个房间‘活’了起来，几乎所有的面孔都在微笑。”

据悉，“夜莺屋”里的老人平均年龄超过 90 岁，他们中的 10% 甚至已是百岁高龄。对于这些老人们而言，他们需要的是一种轻松简单、既没有太大的风险性又可以排遣孤独的活动——和孩子们相处正是如此。90 岁高龄的费伊·加西亚 (Fay Garcia) 说:“和孩子们在一起，我很容易被快乐的情绪感染，那种感觉就像是有人走进了黑黢黢的房间,接着打开了灯。”加西亚老奶奶承认，她一开始对“代际学习中心”并不感兴趣，因为她终身未育，独身在纽约生活了将近 70 年。“我本来认为幼童和老年人之间不会有什么关联，但现在我有了好多可爱的‘曾孙辈’，这对我来说是一个全新的开始。”

“人们越来越意识到我们生活在世代隔离的时代。”英国“苹果和蜂蜜夜莺”中心合伙人朱迪斯·霍洛维茨 (Judith Horowitz) 说。她强调了在如今的社会，人们的关系越发疏离，大家庭正在消失的边缘。牛津大学老年学教授萨拉·哈珀（Sarah Harper）表示同意，并补充说："今天，人们上学、工作和同龄的人一起生活。结果呢？随着伴侣、兄弟姐妹、表亲堂亲的死亡，人们就会发现自己非常孤独。在某种程度上，我们必须建立跨世代的项目，让两代人觉得代际相处是一件非常自然的事情。"

荷兰 Humanitas 护理社区：2012 年荷兰政府停止了为除最贫困老人外提供持续照料资金的拨款支持，多数老人不愿意再寻找长期护理住宅，进而导致全国对长期照护社区的需求整体下滑，只留下如 Humanitas 这样的护理社区在生存的边沿徘徊。

与此同时，荷兰青年大学生的住房进入了十分短缺的情况，光阿姆斯特丹区域就报告称缺少 9000 个学生床位，每月接近 400 欧元的房租费用让很多学生无法承担。

Humanitas 的管理者听到有大学生向他打听因为大学居住区太过吵闹，希望找到一个相对安静的居住环境。他看到了这个独一无二的机会——可以让学生和老年人同时收益，开始了一个可以让学员免租居住的计划，代替租金的就是学生需要腾出时间作为志愿者与在这里的老人产生联系。

研究记录表明,老人的社交隔离与精神衰老和死亡率之间存在着直接相关性。在"人文社区"中，学生住户有能力与老人们建立一种真实且充满意义的关系。这个充满创新性的项目将传统护理社区的重心从辅助生活转移到人与人之间真正的相互联系，同时为青年人和老年人的社交、经济和情感方面提供了极大的帮助。

项目坐落于步行社区之中，首层空间为公众提供相关配套设施。服务范围为 160 位老年住户和 6 个大学生。

免房租的学生需要每月提供 30 小时的志愿服务时间陪同老人。根据老人的需求，公寓进行了无障碍配套体系升级。提供了一个充满活力且对公众开放的首层空间，其中包括小型商店、酒吧、中庭和一个雕塑花园。

项目必须考虑资金来源的波动性。必须通过试用和条件性的筛选确保老人与年轻学生之间良好的适应性。在这个持久照护体系下的所有参与者需要"买断式"和"协调式"才能维系，如健康中心、大学、学生、住户和城镇整体。依靠资助学生住房的经济模式很难应用在更小的尺度上进行操作，设施管理者需要让更过多城镇环境背景融入其中以适应不同的规模尺度。

一个社区的建造过程不仅仅停留在物质层面，在案例中这个护理机构管理者认识到真实的、充满意义的社交联系是维持身心健康的关键因素，因此具有前瞻性地对代际住房、社区设施、充满意义的联系和交流进行了投入和实践。

而对于 Humanitas 的运营和管理主要依据四个关键指导准则进行操作：

（1）自主：老年人应当在生活的各个方面尽可能自主。过多的照护会使其生活技能产生萎缩，正如太少照护一样对老人产生伤害。

（2）权力：老年人应该完全能掌控自己的决定。除非认知功能产生严重下降，否则居民有权做出决定。

（3）预防自哀心理：不同年龄、级别的老人在每个房间进行综合分配，这样可以有效地防止相同年龄、状况的老人产生随着各自年龄增长和健康下降产生一种自哀心理。

（4）平等：学生、老年人和员工之间在社区中的日常生活方面被平等对待。

3.5 老年宜居社区规划指标体系

在《中国人居环境奖评价指标体系》、《宜居小区科学评价指标体系》、《城市居住区规划设计标准》（GB 50180—2018）等基础上，提取相关规划指标，结合本课题研究及相关研究进行丰富、完善及指标适老化修正，并考虑广大农村地区老年宜居环境建设及未来老年宜居环境发展趋势，初步提出老年宜居社区规划指标体系配置建议。老年宜居社区规划指标体系共 5 大项，17 中项，48 分项。

老年宜居社区规划指标体系设置建议表 [2][54][61][62][64][65][70][71]①②③④⑤ **表 3-2**

老年宜居社区规划指标体系			参考指标	规划指标	资料来源
公共开放空间	总体布局	社区人均公共绿地	≥ 1 平方米 / 人		《城市居住区规划设计标准》（GB 50180—2018）
		社区公园主要活动区域无障碍设施及通信、信息交流等软环境设施建设率	100%		《中国人居环境奖评价指标体系》
	游憩及健身场地	社区内有宽敞的休闲、娱乐活动公共场所，有可容纳 200 人以上活动的小型广场	≥ 1 处		《宜居小区科学评价指标体系》
		社区内免费体育健身场地和设施覆盖率	100%		《宜居小区科学评价指标体系》
		社区室外综合健身场地（含老年户外活动场地）用地面积	150 ~ 750 平方米		《城市居住区规划设计标准》（GB 50180—2018）

① 宜居小区科学评价指标体系 [EB/OL].http://www.yijuchengshi.com/notice/show-568.aspx.

② 建标 450-2018，老年人照料设施建筑设计标准 [S]. 北京：中国建筑工业出版社，2018.

③ 关于印发《上海市老年友好城市建设导则（试行）》的通知 [EB/OL].http://mzj.sh.gov.cn/gb/shmzj/node8/node194/u1ai36526.html

④ 陈小卉，邵玉宁. 发达地区养老服务设施规划的探索——以昆山为例 [J]. 现代城市研究，2012（8）：13-20.

⑤ 何凌华，魏钢. 既有社区室外环境适老化改造的问题与对策 [J]. 规划师 ,2015(11):23-28. 2013 第五次国家卫生服务调查分析报告 [EB/OL]. http://www.nhfpc.gov.cn/mohwsbwstjxxzx/s8211/201610/9f109ff40e9346fca76dd82cecf419ce.shtml.

续表

<table>
<tr><th colspan="3">老年宜居社区规划指标体系</th><th>参考指标</th><th>规划指标</th><th>资料来源</th></tr>
<tr><td rowspan="9">公共开放空间</td><td rowspan="5">游憩及健身场地</td><td>社区室外综合健身场地（含老年户外活动场地）服务半径</td><td colspan="2">≤ 300 米</td><td>《城市居住区规划设计标准》（GB 50180—2018）</td></tr>
<tr><td>社区公园主要活动区域无障碍设施</td><td colspan="2">新建达标率 100%；已建改造率≥ 70%</td><td>《发达地区养老服务设施规划研究——以昆山为例》</td></tr>
<tr><td>社区小游园出入口的宽度</td><td colspan="2">≥ 1.2 米</td><td>《既有社区室外环境适老化改造的问题与对策》</td></tr>
<tr><td>社区小游园出入口周围供轮椅回转空间</td><td colspan="2">1.5 米 ×1.5 米</td><td>《既有社区室外环境适老化改造的问题与对策》</td></tr>
<tr><td>社区小游园轮椅通过的园路宽度</td><td colspan="2">> 1.5 米（轮椅交错通过的园路宽应大于 1.8 米；单人通行路、坡道宽是 1.2 米）</td><td>《既有社区室外环境适老化改造的问题与对策》</td></tr>
<tr><td rowspan="2">绿化种植</td><td>绿化种植无毒、脱敏化率</td><td colspan="2">100%</td><td>《既有社区室外环境适老化改造的问题与对策》</td></tr>
<tr><td>绿化种植区为坐轮椅老年人布置抬高花床等高台种植区</td><td colspan="2">≥ 1 处</td><td>《既有社区室外环境适老化改造的问题与对策》</td></tr>
<tr><td>环卫设施</td><td>老年人集中的室外活动场地内满足老年人使用的公用卫生间覆盖率</td><td colspan="2">100%</td><td>《老年人照料设施建筑设计标准（建标 450–2018）》</td></tr>
<tr><td>标识设施</td><td>考虑老年人辨识能力的标识设置率</td><td colspan="2">100%</td><td>《既有社区室外环境适老化改造的问题与对策》</td></tr>
<tr><td rowspan="9">交通出行空间</td><td rowspan="4">车行交通设施</td><td>社区车速限制（千米 / 小时）</td><td colspan="2">30</td><td>《互助型老年宜居城镇规划研究》</td></tr>
<tr><td>人行横道信号灯倒计时显示器、路口安装听觉信号装置设置率</td><td colspan="2">宜为 100%</td><td>《上海市老年友好城市建设导则》</td></tr>
<tr><td>社区内或社区门口 50 米范围内公交车站覆盖率</td><td colspan="2">100%</td><td>《宜居小区科学评价指标体系》</td></tr>
<tr><td>社区或老年人照料设施与中心城区或交通主干线相接驳的公交站点设置率</td><td colspan="2">100%</td><td>《上海市老年友好城市建设导则》</td></tr>
<tr><td rowspan="2">慢行交通设施</td><td>慢行交通空间无障碍达标率</td><td colspan="2">100%</td><td>《发达地区养老服务设施规划研究——以昆山为例》</td></tr>
<tr><td>慢行通道沿线休憩设施间隔</td><td>500 米</td><td>450 米</td><td>《发达地区养老服务设施规划研究——以昆山为例》</td></tr>
<tr><td rowspan="3">无障碍设施</td><td>新建老年人照料设施无障碍建设率</td><td colspan="2">100%</td><td>《发达地区养老服务设施规划研究——以昆山为例》、《中国人居环境奖评价指标体系》</td></tr>
<tr><td>已建老年人照料设施的无障碍改造率</td><td colspan="2">≥ 70%</td><td>《发达地区养老服务设施规划研究——以昆山为例》</td></tr>
<tr><td>有条件的老旧社区、建筑物无障碍改造率</td><td colspan="2">100%</td><td>《发达地区养老服务设施规划研究——以昆山为例》</td></tr>
</table>

续表

老年宜居社区规划指标体系			参考指标	规划指标	资料来源
交通出行空间	无障碍设施	新建建筑物无障碍设施达标率	100%		《发达地区养老服务设施规划研究——以昆山为例》
		主要公共建筑无障碍设施及通信、信息交流等软环境设施建设率	100%		《中国人居环境奖评价指标体系》
	停车设施	老年人照料设施出入口无障碍停车位或无障碍停车下客点建设率 / 改造率	100%		《老年人照料设施建筑设计标准》（建标 450–2018）
养老服务设施空间	老年人照料设施	社区老年养护中心、日间照料中心服务半径	300 米		《城市居住区规划设计标准》（GB 50180—2018）
		社区老年养护中心、日间照料中心配建标准	按建筑面积 350 ~ 750 平方米 / 处配置，服务半径不宜大于 300 米		《城镇老年人设施规划规范》（GB 50437—2007）（2018 年修订）
		社区托老所服务半径	300 米		《城市居住区规划设计标准》（GB 50180—2018）、《宜居小区科学评价指标体系》
		社区托老所配建标准	按建筑面积 350 ~ 750 平方米 / 处配置		《城市居住区规划设计标准》（GB 50180—2018）
	医疗设施	社区卫生服务机构覆盖率（%）标准值	100%		《宜居城市科学评价指标体系》
		卫生站配建标准	按建筑面积 120 ~ 270 平方米 / 处配置，服务半径宜≤ 300 米，建筑首层设置专门出入口		《城市居住区规划设计标准》（GB 50180—2018）
	急救设施	急救站（点）覆盖率（%）标准值	100%		《急救中心建设标准》（建标 177–2016）
		急救站（点）配建标准	用地面积≥ 200 平方米，可与医疗设施合建		《急救中心建设标准》（建标 177–2016）
	教育设施	社区老年进修班覆盖率（%）（含农村）	100%		《发达地区养老服务设施规划研究——以昆山为例》
		社区老年进修班配建标准	建筑面积宜≥ 100 平方米		《发达地区养老服务设施规划研究——以昆山为例》
	文体设施	城镇免费开放体育设施距离社区出入口距离	1000 米	900 米	《宜居小区科学评价指标体系》+ 数据修正
		社区级体育活动中心距离社区大门口距离	500 米	450 米	《宜居小区科学评价指标体系》+ 数据修正
		社区老年服务站（含老年志愿者服务中心、老年再就业服务中心、社区食堂）配建标准	按建筑面积 600 ~ 1000 平方米 / 处、用地面积 500 ~ 800 平方米 / 处配置；服务半径≤ 300 米		《综合型养老社区功能空间模式及指标体系研究》、《城市居住区规划设计标准》（GB 50180—2018）
		社区地区文化活动站（老年活动站）服务半径	500 米	450 米	《城市居住区规划设计标准》（GB 50180—2018）

续表

老年宜居社区规划指标体系			参考指标	规划指标	资料来源
养老服务设施空间	文体设施	社区地区文化活动站（老年活动站）配建标准	按建筑面积 250 ~ 1200 平方米 / 处配置，提供一定的室外活动场地		《城市居住区规划设计标准》（GB 50180—2018）
居住空间	社区服务	社区便捷生活服务圈建设	步行≤ 15 分钟	步行≤ 10 分钟	《中国人居环境奖评价指标体系》+ 指标修正
	社区建筑	适老功能住宅新型住宅	鼓励建设		《关于推进老年宜居环境建设的指导意见》
		老年公寓、老少同居、通用住宅	鼓励建设		《关于推进老年宜居环境建设的指导意见》
		社区中节能、防火、保温、隔热绿色建材建成的生态绿色宜居建筑建设率	100%		《宜居小区科学评价指标体系》
其他	社区安全	社区老年人主要活动区域报警系统、监控系统等紧急救援网络完好率(%)	100%		《关于推进老年宜居环境建设的指导意见》、《终生社区，终生住宅——英国城市的适老化建设路径》
		社区公共消防基础设施完好率（%）	100%		《中国人居环境奖评价指标体系》
		社区楼宇内通道和公共区域无障碍设施建设达标率	100%		《关于推进老年宜居环境建设的指导意见》

注：

1. 鼓励企事业单位和政府部门利用存量建设用地或培训中心、厂房、校舍等优先建设养老服务设施；支持度假村、酒店、招待所、疗养院等转型为养老机构，除本系统人员养老外，向社会开放。

2. 提升居住人群全为老年人的养老社区或组团内的急救设施、医疗设施相关配置标准；根据《2013 第五次国家卫生服务调查分析报告》显示，65 岁以上的城市老年人慢性病患病率为 78.4%，而 15 岁以上城市人群慢性病患病率为 24.5%，两者的比例约为 3:1（卫生部统计信息中心，2013）①。由此可知，居住人群全为老年人的养老社区、组团急救设施配置指标、医疗设施的千人指标及对应指标，应提高为现行指标的 3 倍。

① 2013 第五次国家卫生服务调查分析报告 [EB/OL].
http: //www.nhfpc.gov.cn/mohwsbwstjxxzx/s8211/201610/9f109ff40e9346fca76dd82cecf419ce.shtml.

第4章

构建老年宜居建筑空间

4.1 老年居住建筑

国际慈善机构（HAT）根据老年化过程各阶段所需社会服务支援程度的不同，相应地把老年居住建筑分为7类，其标准如下：（1）非老年人专用或用作富有活力的老人居住的住宅。他们有生活自理能力，因而可独立生活在自己的寓所中。（2）供富有活力，生活基本自理，仅需某种程度监护和少许帮助的健康老人居住的住宅，包括经过专门改造后的原来居住的住宅。（3）专为健康而富有活力的老人建造的住所，要有帮助老人的基本独立生活的设施，提供全天监护和最低限度的服务和公用设施。（4）专为体力衰弱而智力健全的老人建造的住所。入住者不需医疗护理，但可能偶然需要为生活提供帮助和照料。应提供全天候监护和需要时的膳食供应。（5）专为体力尚健，而智力衰退的老人所建的住所。入住者可能需要对某些个人生活进行监护和照料共用设施的同时，可按需要增加护理人员。（6）养老院，专门为体力和智力都衰退，并需要个人监护的老人所设。入住者中很多人生活不能自理，因而住所不能是独立的，可为住者提供进餐、助浴、清洁和穿衣等服务。（7）护理院，入住者除外，还有患病、受伤的临时或永久的病人。护理院应驻有医护机构，住房宜全部为单床间[①]。老年居住建筑主要包括老年住宅和老年人照料设施。本章主要研究的是老年住宅，老年人照料设施可参照具体案例和现行的标准与规范。

4.2 国内外居家养老现状

4.2.1 国外居家养老

随着对老龄化问题认识的逐步深化，发达国家在构建老年居住模式的探索上也不断进行变革。这种变革主要反映在不同时期老年人的居住建筑法规针对老年人的居住要求变化而做出的调整，以及老年居住建筑建设方向的变化。

老年人的居住建筑法规经历了起初的针对高龄、病残老人的住房改造和建设老年住宅，转为促进普通住宅的无障碍化，以及建设带有护理服务功能的老年居住建筑的历程。

在老年居住建筑的建设方向上，也经历了从“医院养老”到“设施养老”再到“住宅养老”的转变过程[②]。发达国家探索养老居住模式的经验表明，解

① 陈如．发展老年住宅的若干思考 [C]. 江苏老龄问题研究论文选集，2010.

② 周燕珉，王富青．“居家养老为主”模式下的老年住宅设计 [J]. 现代城市研究，2011（10）.

决居住问题不仅仅是为老人提供一个安全的居住空间，同时还要维护老年人自由选择居住方式的权利。经历了长期的探索和变革，多数发达国家最终走向回归社区、回归住宅、以居家为主的养老居住模式。

居家养老相比护理院及相关机构养老最积极的一个因素就是它可能会解决在衰老过程中最为棘手的一个问题——也就是伴随身体和精神的老化而产生的孤独感。当把必须的护理设施堆放在一个建筑物内，无疑最后会生成一个“大型”的给人一种刻板的“机构”形象。打破这种刻板的“机构”形象，为老年人提供“大家庭”的感觉，真正的挑战是在于如何处理内部的构造。

例如 Huise Zingem 护理院项目中，在总面积 6500 平方米的建筑面积下，设计师并非想要再次生成一个刻板的大型“机构”，相反，设计师想要讨论更多关于“家庭”的概念。从家庭这个概念出发，设计师试图通过特定类型和护理级别分组的方式去生成整个项目，在庭院拓扑学中寻找答案。虽然，当你从这个建筑的外表来看，你可能仍然感觉这是个“大家伙”。但是当你进入室内，无论是庭院、景观，还是卧室，都会让你有一种“家庭”的感觉。

建筑由三个方形的基本空间相互变化而成。其中两个拥有独立的庭院，中间则像一个巨大的公共会客厅，在这几个空间周围遍布着 8 ~ 10 组房间。这种形式和做法受到了国外相关设计机构的高度推崇并被广泛使用。其实这种做法的真正难点在于：怎么做好细节。在这个项目中设计师采用三个整体部分进行偏移，同时结合一些装置的处理，减少其联排公寓式的刻板形象。

在窗帘和照明设备的选择上偏向于和“家庭”概念相关的材料选择，并且鼓励入住的老年人考虑把自己日常生活的家具带到护理院。还在门口旁边为每个房间单独设置了一个木框，里面可以放置照片或个人的物品。

4.2.2 国内居家养老

我国多数老人希望居家养老。早在 2006 年我国老龄科研中心的资料显示，有 85.05% 的老人希望在家里养老。随着社会的发展，如今更多的老人希望居家养老。根据社会形式，我国政府确定了“以居家养老为基础，社区养老为依托，机构养老为支撑”的养老居住政策，同时提出了“9073”的养老居住格局：即 90%的老年人在社会化服务协助下通过家庭照顾养老，7%的老年人通过购买社区照顾服务养老，3%的老年人入住养老服务机构集中养老。

（1）家庭结构变化——当前随着家庭少子化、空巢化以及居住观念的改变，依托子女的传统养老照料模式已经难以为继。老年人的居家养老生活将越来越需要自立。

（2）适老设计缺失——目前老人多居住在福利分房时代建造的住宅里，住宅普遍比较老旧，其设计与设施的配置很少考虑老年人的居住要求。不仅旧住宅中存在这些问题，近年来新开发的住宅也很少重视适老化设计。

（3）养老服务不足——居家养老有赖于社区养老服务的支撑。然而目前我国社区养老服务的硬件设施还很不健全，相关的政策法规尚未完善，社会服务资源也有待培育和整合。

相较于国外，中国有许多自身的特点。根据相关调研和相关学者分析，中国与一些发达国家相对分散和低密度的居住形态不同，中国城市的居住形态普遍是以多层、高层集合住宅为主，居住人口密度大，这意味着单位空间的人口会以较大的密度集中老化。这既是挑战也是优势。从空间层面看，近十几年来商品住宅开发建设所形成的一个个居住小区，为社区养老服务的开展自然划定了空间范围。基于既有的城市居住区空间形态，利用社区内的各项资源来发展居家养老及社区养老是适当且合理的。从服务层面看，由于居住形式相对集中，开展社区服务的效率会比国外分散化居住模式下的服务效率更高。因此，相比大批量新建的养老机构，基于现有社区条件改造或插建养老服务设施，让老人依托原先的住宅和社区就地养老，是符合中国老年人主流居住意愿和节约社会资源的最佳模式。

老年居住建筑的生活居住空间是老年宜居环境规划研究在空间层面落实的最基本单元。形形色色的老年建筑中每一个老年生活居住的空间，像一个个细胞一样，组成构建起老年人日常生活的环境系统。如今，我国老龄化问题日益严重，解决好老年人的居住问题，是实现构建老年宜居环境的重要一环。

4.3　住宅内部空间的适老化设计与改造

构建适老化空间也包括两个方向：一是住宅内部空间的适老化设计，二是对原有住宅内部空间的适老化改造。老年照料设施的设计与改造参考现行的规范与标准。适老化的居住空间应突出适老化设计，对建筑内部安全保障设施、无障碍设施、养老功能设施、智能化设施、情感化体验设施进行重点配置，可以总结为居住空间模块、互助交往模块、护理服务空间模块三部分，不同的建筑应该全部包含或者部分包含这些模块。一般住宅和养老住宅应包含居住空间模块、互助交往模块，其他建筑应同时包含这三种模块。其中，居住空间模块功能用房主要为南向、带独立卫浴的居室，以满足老年人的日常生活需求；互助交往空间模块宜配置公共的客厅、餐厅、活动室、多功能室和厨房等功能用房，以满足老年人公共交往需求；护理服务空间模块宜配置护理室、医疗室、服务室等功能用房，以满足老年人护理服务需求。

4.3.1 老年人的身体和心理特点与居住环境需求

人体结构成分会随着年龄发生变化。老年人人体水分减少、脂肪增多、细胞总量减少、器官重量减轻、身体机能下降，并出现动作缓慢、反应迟钝、适应能力降低和抵抗力减退等现象。其中，脑重减轻还会带来一系列神经系统的退化症状。

由于身体机能衰退，人体代谢也出现平衡失调。老年人肝、肾功能降低，罹患糖尿病、高血压、高血脂、动脉粥样硬化等慢性疾病的比例增高，便秘和尿频也十分常见。同时，人体骨密度降低，骨骼的弹性和韧性减低，脆性增加，易出现骨质疏松症，极易发生骨折。

同样由于身体老化等原因，老人对内外环境的适应能力下降。老年人进行体力活动时易心慌气短，活动后恢复时间延长。特别是由于免疫系统衰退，对冷、热适应能力减弱，内环境稳定性较年轻人低。

老年人的生理衰老对其生活需求和行为特点会产生重要影响，其中感觉机能、神经系统、运动系统和免疫机能等方面的退化与居住环境的设计息息相关。对于行动受限制的老年人来说，在家中生活的时间较长，对于日照的要求较之年轻人更高，因此住宅的采光设计非常重要，主要生活空间应该尽量争取好的朝向。老年人身体冷热调节能力降低，汗液排放功能差，长时间生活在闷热不通风或潮湿的空间易引发心脑血管疾病、呼吸系统疾病和关节炎等的急性发作；而长时间使用空调又容易发生感冒，因此住宅中应该尽量争取自然通风，通过合理的风路组织，改善室内的空气环境，为老年人营造健康舒适的物理环境。

老年人的心理变化及所表现出来的行为特征，是由其自身的生理因素及外部社会环境共同引起的，主要呈现以下特点：

（1）心理安全感下降。老年人生理机能的退化会对其心理活动造成一定影响，产生衰老感，主要表现为心理安全感下降。老年人对于居住环境中的不安全因素较为敏感，总是担心会发生磕碰、滑倒，又担心突发疾病无人救助。

（2）适应能力减弱。老年人往往因为害怕得病、害怕适应新环境而不愿出门,不愿与人接触,时间久了则会加剧“与世隔绝”之感,更使其适应能力减弱。

(3)出现失落感和自卑感。老年人从工作岗位退休实际上是一次与社会剥离的过程，退休后的老年人社会交往大大减少，主要活动范围也从社会转移到家庭，这种社会角色的变换导致其生活方式发生变化，破坏了老人已有的心理平衡，会出现失落感和自卑感。同时，随着老年人身体状况的衰退和自理能力的降低会进一步使老年人产生“没用了”的自卑感。

(4)出现孤独感和空虚感。由于中国当代家庭结构的变化，老年人与子女交流的机会大大减少，独居老人的比例上升，老年人常常感到孤独与空虚。从前热闹的家庭突然变得冷清，生活变得更加孤独和无助。

4.3.2 住宅内部空间的适老化设计

(1)门厅设计:门厅在住宅中所占面积虽然不大，但使用频率较高。老人外出或回家时，往往要在门厅完成许多动作，例如换鞋、穿衣、开关灯、拿钥匙等。因此，门厅的各个功能须安排得紧凑有序，保证老人的动作顺畅、安全。门厅尽量选择进深小且开敞的门厅形式，便于老年人的活动，避免进深大，开口多的门厅，尤其是对轮椅的通行以及急救时担架的出入限制较小，还能使门厅更好地获取来自起居室等空间的间接采光。(图 4–1 ~图 4–5)

开口多的门厅往往汇聚了多条交叉动线，无法形成稳定的空间，不利于老人行动的安全性。为保证老年人在门厅活动的安全，门厅以侧向柔和的自然采光最佳，不宜在一进门的正对面设置采光窗(尤其是东、西方向的窗),避免入射角很低的光线直接射入人眼，造成刺眼眩晕。门厅应为老年人提供坐凳、扶手或者扶手替代物，便于老年人安坐和扶靠。转角的地方可以设置护墙板，以防止墙体长期碰撞破损。门厅适宜采用开敞的方式，因为开敞的门厅能与起居室等其他室内空间保持视线的直通，可以通过镜子的反射作用来观察门厅的情况。此外还应考虑到门厅的地面会被从室外带进的灰尘、泥土以及雨水等污染,地面材质应耐污、防滑、防水。当门厅地面换一种材质时，应注意材质交接处要平滑连接，不要产生高差。老年人为了干净往往会在门厅铺设地垫。

(2)起居室:起居室是老人进行聊天、待客等家庭活动和看电视、休闲健身等娱乐活动的主要场所。在设计时，应迎合老人的心理需求和活动能力，促进老人和家人以及外界环境之间的交流。起居室的开间、进深首先要保持老年人轮椅通行的顺畅和看电视等活动能够保持适宜的视距。另外，应注意起居室

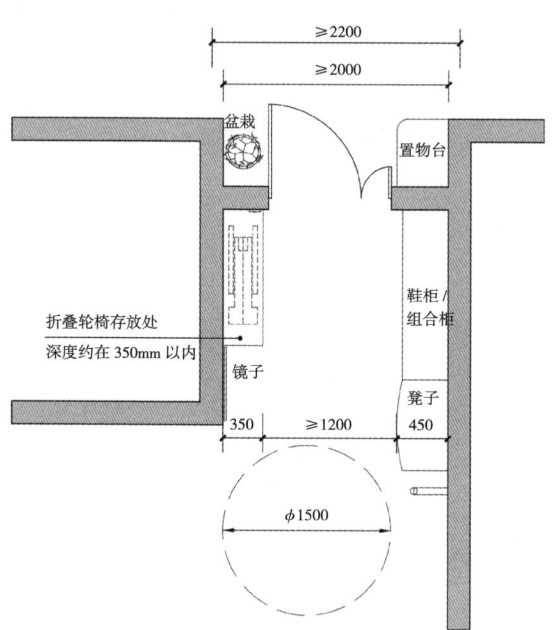

图 4-1　门厅一示意图（图片来源：参考周燕珉 . 老年住宅 [M]. 北京：中国建筑工业出版社，2011，自绘）

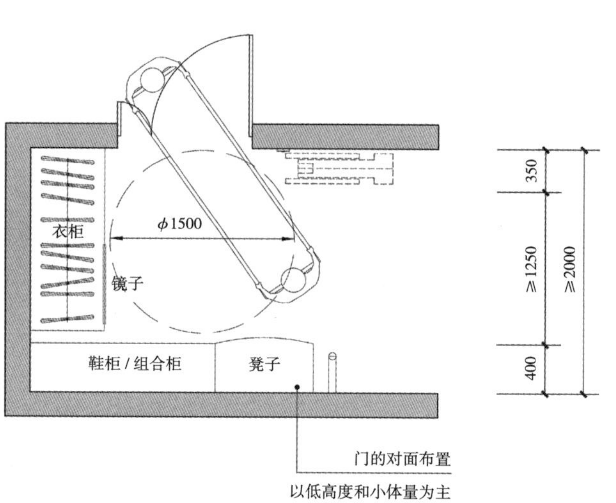

图 4-2　门厅二示意图（图片来源：参考周燕珉 . 老年住宅 [M]. 北京：中国建筑工业出版社，2011，自绘）

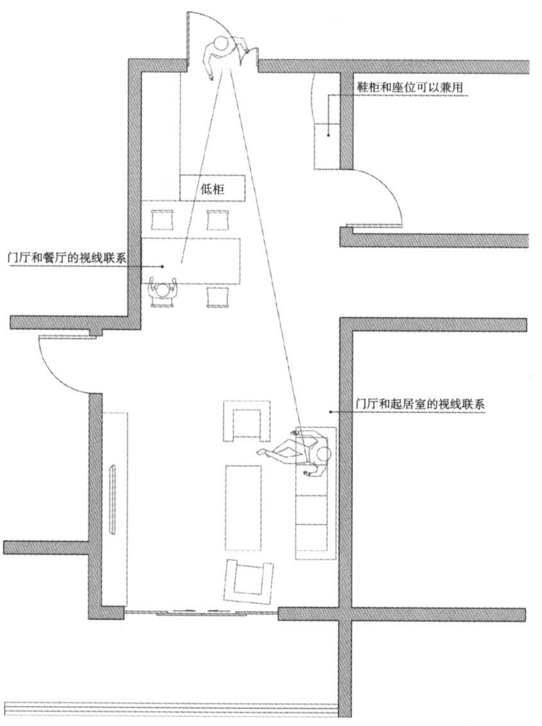

图 4-3　门厅三示意图（图片来源：参考周燕珉 . 老年住宅 [M]. 北京：中国建筑工业出版社，2011，自绘）

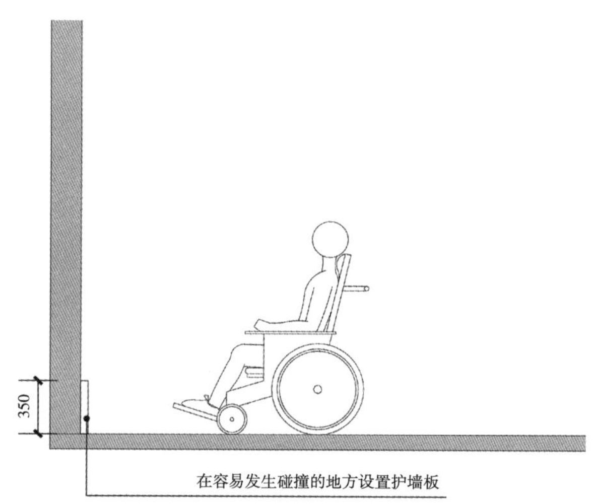

图 4-4　竖向防护示意图（图片来源：参考周燕珉 . 老年住宅 [M]. 北京：中国建筑工业出版社，2011，自绘）

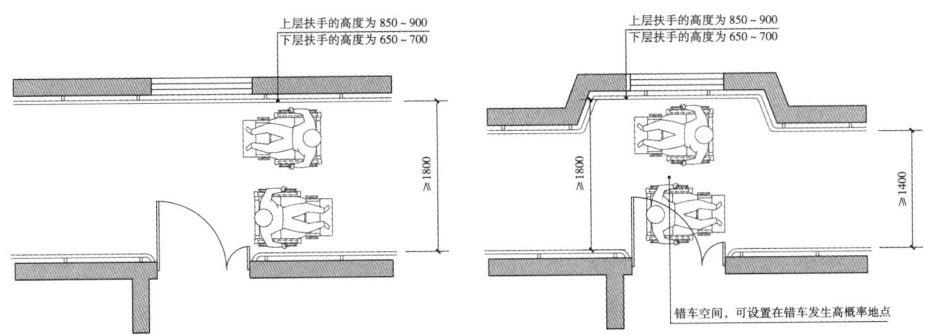

图 4–5 入户口示意图（图片来源：参考周燕珉 . 老年住宅 [M]. 北京：中国建筑工业出版社，2011，自绘）

的开间尺寸与其他空间的关系。作为生活起居的中心，起居室适宜在住宅的中部。应通过起居室组织起住宅套内的各个空间。起居室不宜成为通过式、穿行式空间。应将套内主要交通动线组织在起居室的一侧，使沙发座席区和看电视区形成一个安定的“袋形”空间。（图 4–6、图 4–7）

（3）餐厅：在老年人的日常生活中使用频率较高，一日三餐是老人生活中十分重要的组成部分。除了备餐、就餐外，老人往往还会利用餐桌的台面进行一些家务、娱乐活动，例如择菜、打牌等。因此，餐厅成了一个与起居室同等重要的公共活动场所。餐厅适宜设置在距离厨房较近的位置，上菜、加热、取放餐具等活动更为便捷，避免使老年人手持餐具行走过长距离。保持餐厅与厨房之间的视线联系，便于在餐厅和厨房中活动的人能相互交流，了解对方的状况。在一些以西餐为主的家庭，餐厅内可设置为餐台式，餐台可以进行如拌沙拉、拼盘、榨果汁等操作。而对于以中餐为主的家庭，操作台不宜距离餐桌过近，避免油烟影响老年人用餐。此外，餐厅应具备灵活性，留有一定的空余空间，以满足餐厅扩大、座位增加的需求。餐厅应该保持良好的采光和通风条件。餐厅适宜直接对外开窗，或者通过阳台、厨房等具有大面积的相邻空间间接采光。有一些老年人反应，能够将餐桌设置在临窗的位置，尤其是在临近田野、海边的地方，因为这样他们就有机会可以一边用餐，一边欣赏景色，有利于老年人身体健康及心情愉悦。（图 4–8 ~ 图 4–10）

（4）卧室：老人卧室更需要的是安全性和舒适度。因此，老人卧室的空间设计应注意保证适宜的空间尺寸，形成集中的活动空间，保证家具摆放的灵活性和营造舒适的休息环境。老年人卧室的面宽和进深及家具的摆放保持适当的间距，以便于轮椅通过。一些老年人反应，他们喜欢在卧室中设立一个活动的空间。活动空间适宜靠近采光窗布置。这样他们不但可以晒太阳还可以欣赏窗

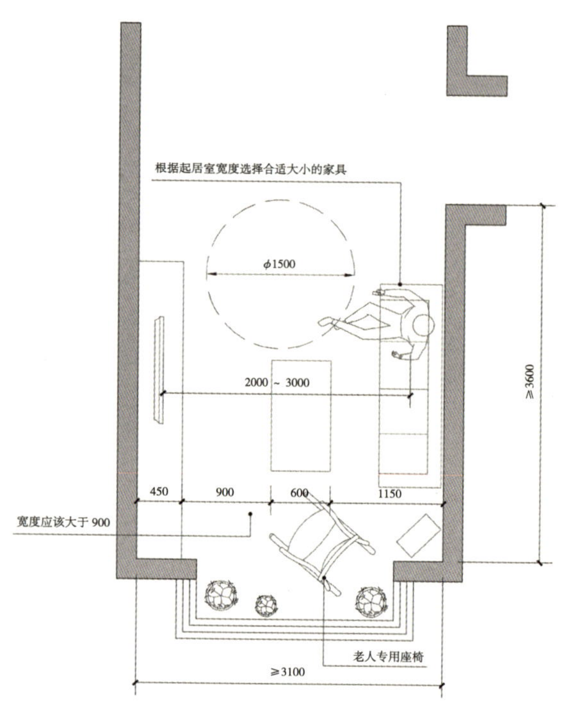

图 4-6　起居一室示意图（图片来源：参考周燕珉 . 老年住宅 [M]. 北京：中国建筑工业出版社，2011，自绘）

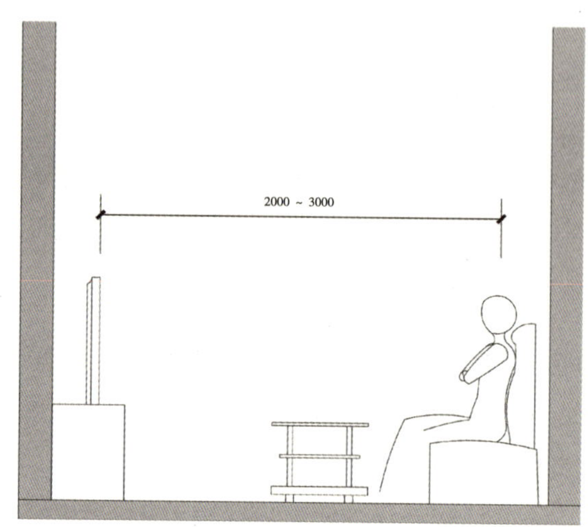

图 4-7　起居二室示意图（图片来源：参考周燕珉 . 老年住宅 [M]. 北京：中国建筑工业出版社，2011，自绘）

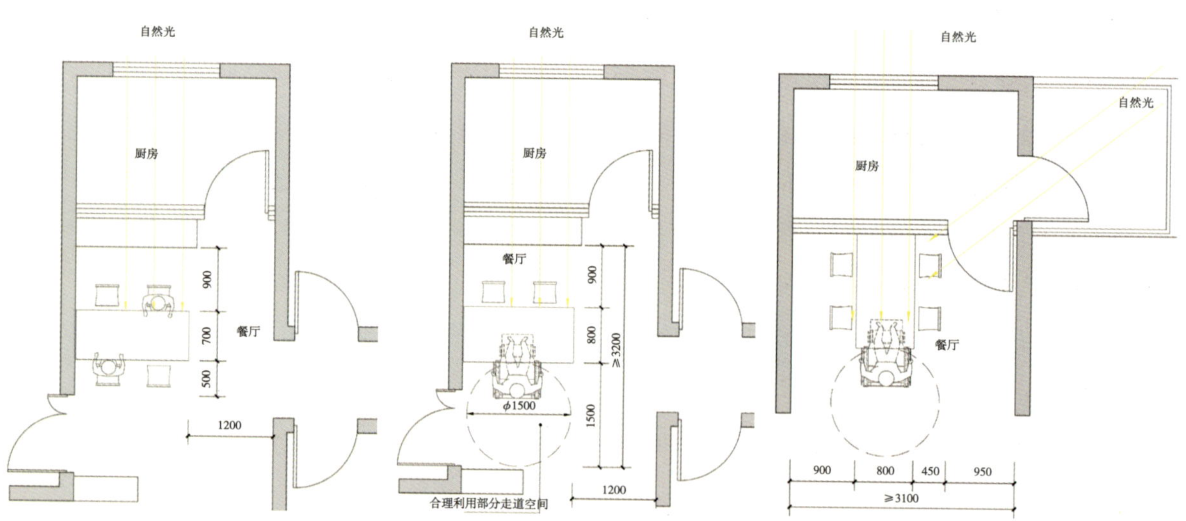

图 4-8　餐厅一室示意图（图片来源：参考周燕珉 . 老年住宅 [M]. 北京：中国建筑工业出版社，2011，自绘）

图 4-9　餐厅二室示意图（图片来源：参考周燕珉 . 老年住宅 [M]. 北京：中国建筑工业出版社，2011，自绘）

图 4-10　餐厅三室示意图（图片来源：参考周燕珉 . 老年住宅 [M]. 北京：中国建筑工业出版社，2011，自绘）

外的景色。当卧室空间有限时，也可以考虑结合落地窗或者凸窗的形式。主要考虑扩大窗前空间以便形成完整的活动区域。活动空间可设置在卧室入口处，以方便轮椅通行。卧室的家具摆放设定具有一定的灵活性。一些老年人反映他们会按照季节的更替或者自身的需求来更换家具的摆放位置，所以卧室应该保持适当的剩余空间，以保证室内一定的灵活性。使不同的家具摆放得以实现，满足老年人的各种需求。此外，老年人的卧室要保持良好的通风和采光，可以通过调整卧室门窗开启的相对位置，合理组织卧室内的通风流线，避免形成通风死角。此外，老年人反映他们比较喜欢朝阳面的卧室，卧室适宜朝南布置，使光线能够尽量照射到床上。尤其在老年人生病卧床时，可以享受阳光，不仅能够使老年人调节老年人的心情，还有消毒的作用。老年人的卧室更要注意隔绝噪声，卧室要远离临街、临马路、电梯井等位置的附近，要与其他的房间保持一定的隔绝性，能够使老年人在任何时候都能享受安静的休息空间。（图4–11 ~图 4–16）

（5）卫生间：老年人的卫生间更需要的是安全性、舒适度和清洁性。卫生间的空间要预留出老年人使用轮椅的空间。体弱的老年人适合坐姿淋浴，可设置能够上下调节高度的淋浴喷头滑竿，使坐姿的老年人淋浴时，喷头能够保持一个舒适的高度。洗手池的高度应该适于坐轮椅的老年人使用，水池下注意留出轮椅接近的空间，老年人反映他们不喜欢地柜，因为他们弯腰会很费力。卫生间马桶需要增添辅助把手或者助起装置。地面要注意采用防滑材质，同时要尽量安装一个跌倒报警装置。卫生间温度、湿度的控制也是十分重要的，由于

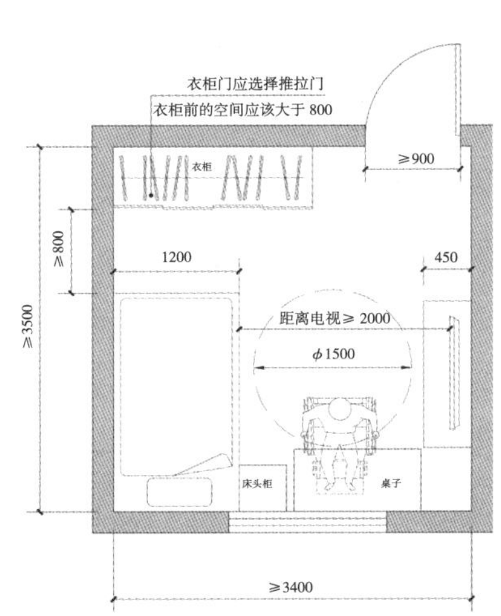

图 4–11　卧室一室示意图（图片来源：参考周燕珉 . 老年住宅 [M]. 北京：中国建筑工业出版社，2011，自绘）

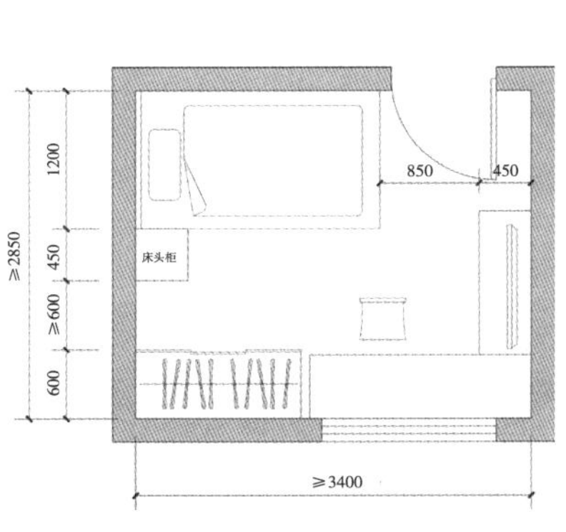

图 4–12　卧室二室示意图（图片来源：参考周燕珉 . 老年住宅 [M]. 北京：中国建筑工业出版社，2011，自绘）

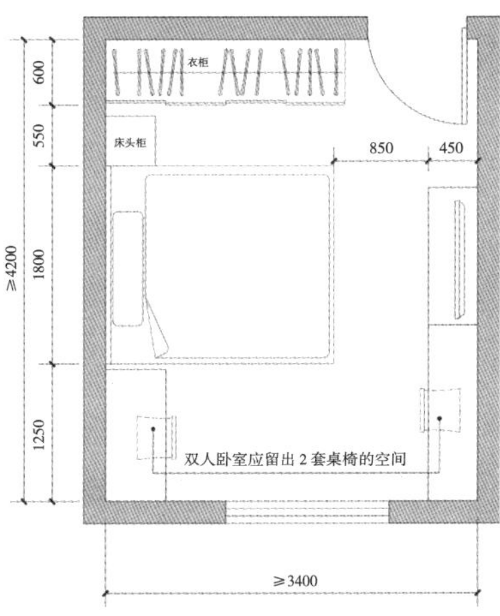

图 4–13　卧室三室示意图（图片来源：参考周燕珉 . 老年住宅 [M]. 北京：中国建筑工业出版社，2011，自绘）

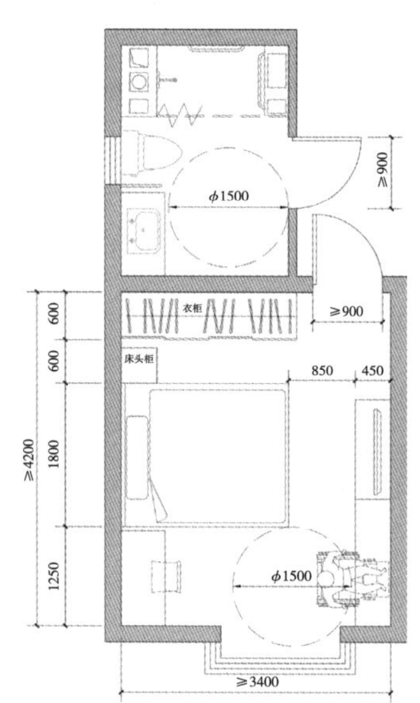

图 4–14 卧室四室示意图（图片来源：参考周燕珉 . 老年住宅 [M]. 北京：中国建筑工业出版社，2011，自绘）

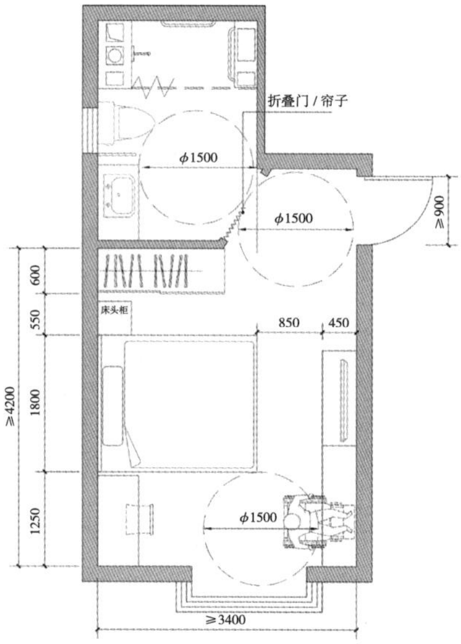

图 4–15 卧室五室示意图（图片来源：参考周燕珉 . 老年住宅 [M]. 北京：中国建筑工业出版社，2011，自绘）

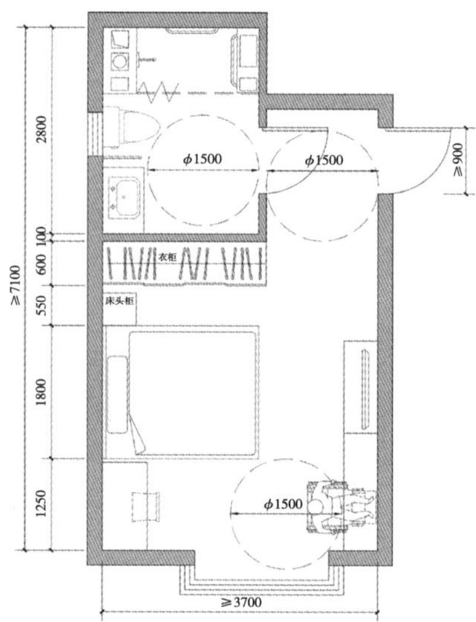

图 4–16 卧室六室示意图（图片来源：参考周燕珉 . 老年住宅 [M]. 北京：中国建筑工业出版社，2011，自绘）

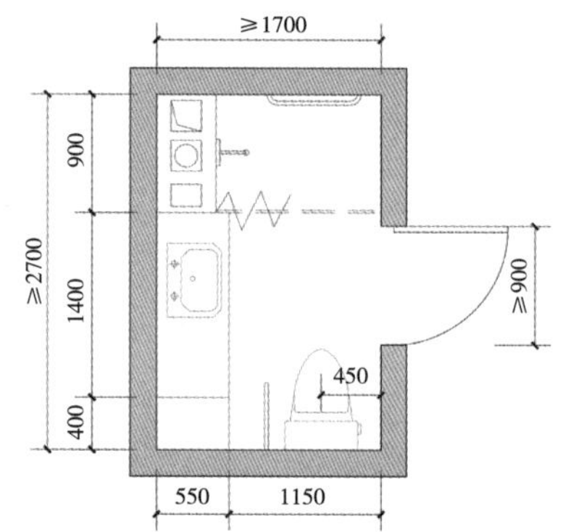

图 4–17 卫生间一室示意图（图片来源：参考周燕珉 . 老年住宅 [M]. 北京：中国建筑工业出版社，2011，自绘）

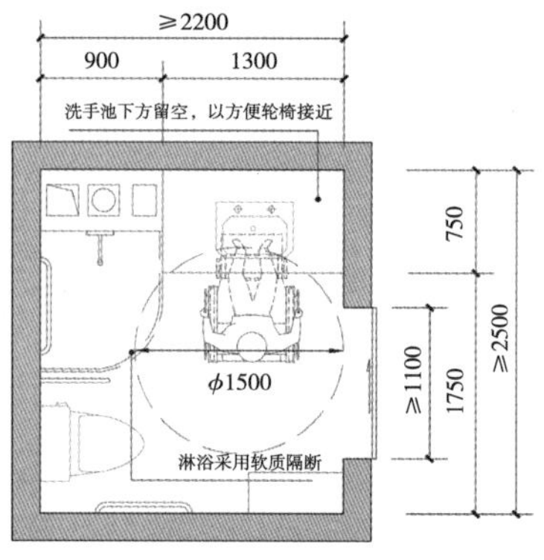

图 4–18 卫生间二室示意图（图片来源：参考周燕珉 . 老年住宅 [M]. 北京：中国建筑工业出版社，2011，自绘）

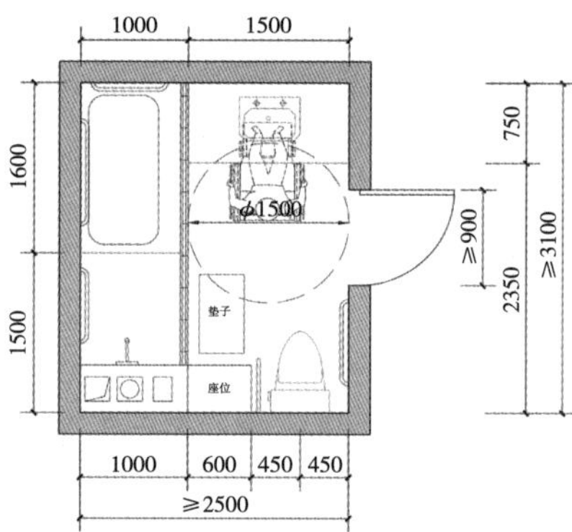

图 4–19 卧室六室示意图（图片来源：参考周燕珉 . 老年住宅 [M]. 北京：中国建筑工业出版社，2011，自绘）

老年人自身的调节能力偏弱，过高的温度或者过大的湿度都会诱发老年人晕倒等。所以，卫生间还要注意加装温度、湿度控制装置，并且保持卫生间的通风，保持空气的清洁。（图 4–17 ~ 图 4–19）

（6）单元出入口：

易识别性：老年住宅楼栋有多个单元出入口时，各出入口均应设置醒目、易于辨识的标识，如在出入口的造型或色彩上有所区别，增强识别性，避免因外观的重复导致老人感到混淆。

安全性：住宅单元出入口首先应确保居住建筑内部的安全，如防盗。其次，保证各种人流动线不混淆，例如当住宅底层作商业用房、停车场等非居住使用时，其出入口应与住宅单元入口分开设置，避免不同去向的人流相互交叉对老人造成冲撞。此外，单元出入口应设置坡道及扶手等无障碍设施，确保老人及轮椅使用者顺利通行。

（7）室外台阶：台阶位置应明显，通常宜正对入口大门。台阶与坡道的起始处不宜距离过远，以方便使用者选择。每组台阶的踏步数不宜小于两级。当出入口平台与周围地面高差小于一步台阶高度即 150 毫米时，可直接采用平缓的坡道相连，避免老人对一步台阶不敏感、因判断失误而造成踏空或被绊倒。室外台阶的有效宽度不应小于 900 毫米。每级踏步应均匀设置，踏步边缘宜相互平行，方便老人蹬踏。台阶踏步的高度宜为 130 ~ 150 毫米，深度通常为 300 毫米左右。台阶的尺寸不宜过大也不宜过小，以免老人因步幅不适而摔倒。台阶踏步的表面铺装应有助于老人辨识踏步轮廓。踏步表面不应形成容易引起视觉错乱的条格状图案，以免影响老人对踏步边缘的正确识别，妨碍正常上下。踏步顶面与前立面可以用对比度比较大的两种颜色来区分，或在踏面前缘加设不小于 30 毫米的色带，色带应在踏步顶面和前立面上各有一部分，确保上行和下行方向均能看到。此外，台阶踏步边缘也可利用防滑条作为高差提示。防滑条应采用与踏面色彩反差较大的颜色，鲜明地勾勒出踏步转角的轮廓，以方便老人识别踏步的转折变化。住宅单元出入口平台与室外地面往往会通过台阶、坡道相连。建议同时设置台阶和坡道，不应认为由于老人需要使用坡道，就只设坡道不设台阶。因为一些脚部受伤的使用者无法上下转动脚踝，不便于在坡道上行走。

（8）室外坡道：老年人使用的坡道应尽可能平缓，长度不宜过长，并应对坡道总高度有所限制。因此，住宅建筑入口层室内外高差不宜过大，否则容易造成坡度过陡或坡道长度过长的弊端。例如，当老年住宅楼栋底层带有地下室、地下车库时，宜采用采光井的形式，避免为了半地下室的采光而导致地上一层地坪抬高，从而增加坡道的长度。坡道与台阶并用时，坡道净宽应保证在 900 毫米以上，通常为 900 ~ 1200 毫米。坡道宽度能保证一人搀扶另一人行走，轮椅与一人错位通行即可。住宅单元出入口处人流量一般不会太大，因此坡道也无须过宽，以免占用过多场地。室外坡道的坡度不应大于 1/12。过陡的坡道不仅使轮椅使用者体力消耗过大，也会增加危险性：上行时推力不足容易后翻；下行时冲力过大，难以掌控速度，易向前倾翻。当受场地条件所限而不得不采用较陡坡度时，应设置指示牌提醒使用者注意。坡道坡度小于 1/20 时，轮椅使用者较为省力；气候条件较差的地区，为保证霜雪天坡面结冰较滑时老人也能安全通行，建议将坡度控制在 1/15 以下。（图 4–20）

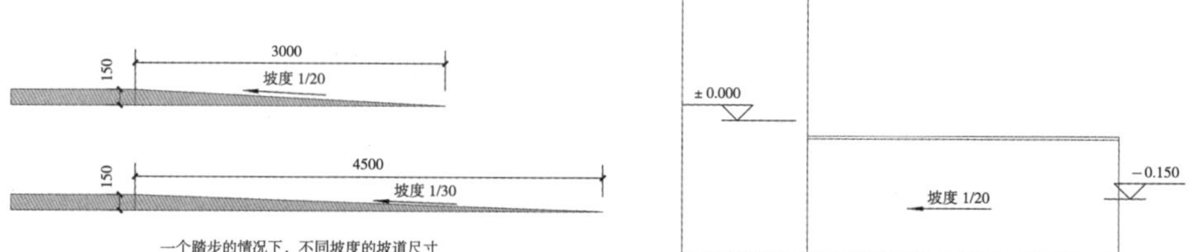

图 4–20　坡道示意图
（图片来源：自绘）

（9）扶手：扶手及其连接件应满足相应的强度要求，不仅要抗压，还应抗拉，保证在老人站立不稳或即将摔倒时，能够借助扶手保持身体平衡。扶手和墙体的连接处必须牢固、耐强力、耐冲击。扶手安装在隔墙上时，须预先加强墙体内部构造，例如在墙内设置钢板、加强龙骨等。即便暂无安装扶手的需要，也应在墙体内预埋扶手固定件，以便日后需要时能及时安装。扶手通常由杆体、连接固定件、固定底座构成。杆体为手握持的部分，其面材要耐污、耐水、手感温润、舒适防滑，不能过硬或粘手。常见的材质有实木、合成树脂等。杆体的骨材对刚度的要求较高，多为钢质或铝质等有一定厚度的中空型材，可利用中空部分走线，实现一些附加功能，例如在扶手起止端附加语音提示装置等。扶手的连接固定件及固定底座主要起支撑作用，对强度要求较高，多为金属材质。此外，还需注意扶手固定件与杆体的连接部分要平滑衔接，以免因固定件凸出而划伤人的手部。

（10）公共楼梯：住宅公共楼梯梯段的通行净宽须从扶手内侧算起，不应小于 1100 毫米。考虑布置双向扶手时，梯段宽度应适当加宽。楼梯平台净宽不应小于楼梯梯段宽度，且不得小于 1200 毫米。对于老年住宅而言，适当加大休息平台深度，有利于救护担架的通行。此外，楼梯两梯段之间不宜加实墙，老人上下楼梯转弯时不能看到对面的老人，容易发生冲撞等危险，同时也不利于担架转弯。按照《民用建筑设计统一标准》（GB 50352—2019），一般楼梯的连续踏步不得超过 18 级，也不应小于 3 级。在老年住宅中，宜在此基础上适当再减少最大连续踏步数，使老人上下楼梯时能得到及时的休息。（图 4–21）

（11）户内楼梯：户内楼梯的位置不应凸出于主要动线上，以免造成绕行。特别是楼梯的前几级踏步不应过于凸出，以免由于位置较低不被注意，导致老人忽略其存在而被绊倒。户内楼梯的踏步特别是下行踏步的起始端不应离房门

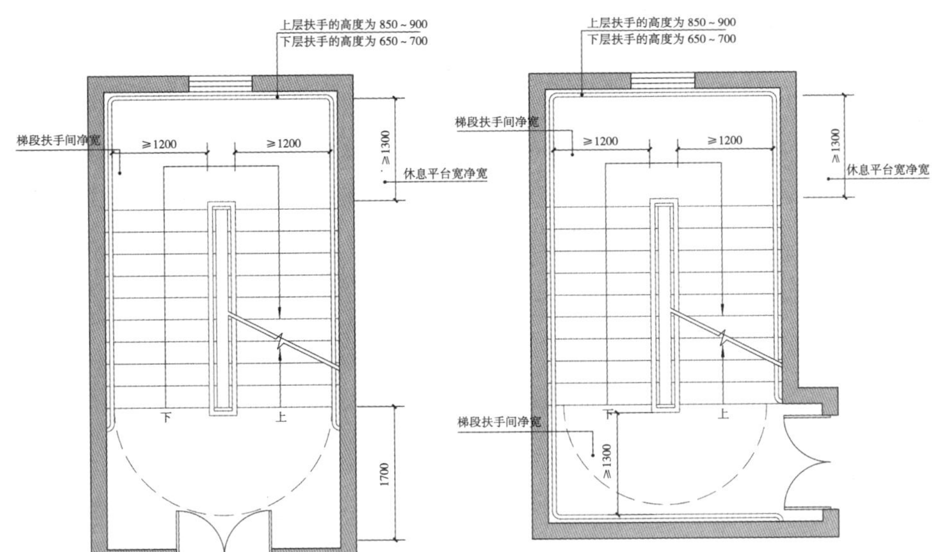

图 4–21 公共楼梯示意图（图片来源：自绘）

太近，尤其是不能离老人的卧室门过近，以免开门时没有足够的避让空间，易发生跌落和冲撞的危险。一般住宅的户内楼梯为了节约空间，往往会将踏步尺寸控制在最低标准。但对老人需要频繁上下的楼梯，需降低踏步高度、增加踏面宽度，以保证使用时更加安全省力。户内楼梯的踏步高度建议不超过 150 毫米，踏步宽度建议大于 280 毫米。户内楼梯的梯段宽度也要适当增加，尽量争取净宽在 900 毫米以上，以便辅助人员搀扶老人上下。

（12）电梯：侯梯厅的深度不宜小于多台电梯中最大轿厢的深度，且不得小于 1600 毫米。考虑到多人等候、多人流进出电梯以及轮椅回转、运送救护担架等情况，侯梯厅进深应适当放宽为 2100 ~ 2600 毫米。侯梯厅内有时会设置消火栓等设施，应避免其过于凸出，占用通行空间。当电梯与楼梯相对布置时，考虑轮椅及推轮椅者后退空间，因此有效进深应达到 1800 毫米以上。当设置两部以上的电梯时，应尽量使其临近布置，以便老人在等候电梯时，能够兼顾多部电梯的运行状况，方便选择乘用。避免等候时间过长，或由于匆忙追赶电梯而摔倒。电梯井尽量不要与老人卧室相邻布置。电梯运行时的振动、不定期产生的噪声会影响老人休息。可将厨房、储藏间等辅助房间布置在靠近电梯井壁的位置。在老年住宅中，须考虑运送急救担架和搬运家具的需要，最好设置一部可运送担架的电梯，一般轿厢宽度可以保持不变，但其进深尺寸须大于 2100 毫米。

电梯应选择适合残障人和老年人使用的类型，如在轿厢内设置安全扶手、安全镜、低位操作板和防撞板等。轿厢内设置的双层安全扶手高度分别为 650

毫米和 850 毫米。为方便轮椅后退移动，应在轿厢内壁采用具有反射效果的材料，要防撞、防碎裂，可在轿厢内壁应设置高度为 350 ~ 400 毫米的防撞板，防止轿厢底部被轮椅脚踏板撞坏。侯梯厅和轿厢内的操作板除常用的一套外，应加设便于轮椅使用者的低位操作板。轿厢侧壁操作板的操作按钮宜横向布置。操作板中心线距地面高度约为 1000 毫米，左右距离电梯门或后壁的距离应不小于 400 毫米，为的是流出脚踏板的深度，方便轮椅侧向接近。（图 4–22）

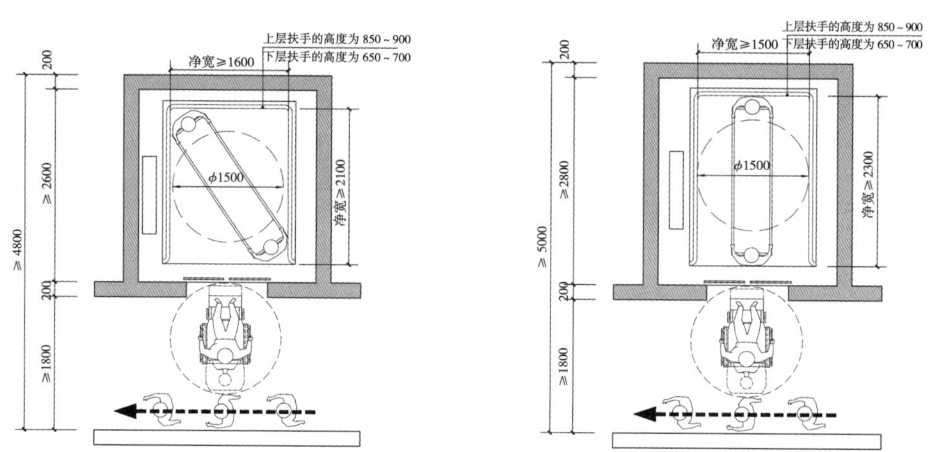

图 4–22　公共电梯示意图（图片来源：参考周燕珉 . 老年住宅 [M]. 北京：中国建筑工业出版社，2011，自绘）

4.3.3　既有住宅内部空间的适老化改造

居住空间的适老化改造与老年人居家生活的舒适程度息息相关。适当空间、结构、布置、设施对于老年人的居住非常重要。

4.3.3.1　既有居住空间在适老化上存在的问题

根据调研表明，中国有 84% 的老人居住在 2000 年以前建造的住宅中。绝大部分的老旧小区里面住着大量的老年人，每平方公里超过 1500 人[①]。城市中的多数老人选择在自己家里生活，而自己的家大部分都是既有的旧式建筑，且大部分旧建筑的居住空间在适老化方面是存在缺陷的。

（1）安全性的问题

在住宅内部空间中，有超过一半的老年居住住宅中防摔倒措施是不完善的，没有设置卫生间扶手，没有铺设防滑地板，或者吊柜过高，这样很容易造成物品掉落，误伤老年人，且屋内很少设置呼叫报警装置。对于意外的发生没有很

① 郭平，陈刚 . 2006 年中国城乡老年人口状况追踪调查数据分析 [M]. 北京：中国社会出版社，2009.

好地预防和快速处理装置。

（2）功能性的问题

家里装修的规划设计只盲目讲究形式或者追求艺术感的设计，从适老化的角度来说是不对的。家具、用品、橱柜、卫浴等用品缺乏对功能性的精细化设计，缺少人性的关照。一些屋子的流线上堆积有很多障碍物，减小了通道宽度，因此通过性较差，还有一些空间的物品摆放不当，导致空间的动线混乱，同时收纳也紊乱。

（3）舒适度的问题

家具设计不合适的问题。真正符合人体工学的椅子应该在尺寸上符合老年人的要求，能够很好地照顾到老年人的腰、背、颈，让老年人起坐都可以助力，并给予安全的保护。还有，温度的不适当、照明的不适当、噪音的不适当，这些都导致了舒适度在降低。

（4）缺乏人文关怀

我国城市大部分住宅都是高层或者中高层，老年人出入不便，特别是对于行动困难的老人，高楼对于他们就像是束缚的牢房一样。我国大多数老年人以家庭养老为主，且多数与同住子女住在一起，居住需求常常被忽略。据调查，老年人居住面积超过 90 平方米的仅有 6%，尚有 26.5% 的老年人或老年夫妇仍然没有相对独立的居住空间。其中两代同居的占 18.2%，三代同居的占 5.9%，没有正式卧室的占 2.4%①。老人也有隐私，老人也要交流，处理好老年人的隐私和交流关系，是目前适老化人文关怀的主要问题。

4.3.3.2　既有居住空间适老化改造的目标

既有居住空间适老化改造的目标从宏观上可以归纳为以下几点：

（1）重视城市人口老龄化的发展程度和发展趋势，及时采取系统性应对措施，为老年人提供更安全、更有质量的居住环境。

（2）不同类型的既有居住环境存在不同的适老化改造需求，需要根据轻重缓急逐步采取措施，并关注改造举措的针对性。

（3）参考各类既有居住环境存在共性问题和老年人普遍关心的焦点问题，在资金筹措、改造期间的提供安置老年人和便民服务等环节，制定适老化改造的公共原则和相应政策。

（4）关注现状调查对未来的指导意义，对未来城市居住空间的适老化水平

① 陈炳志 . 城市老年人居住环境研究 [D]. 天津大学，2006.

提出适当的要求，并结合规划管理和项目审批等具体环节进行必要的引导和控制[①]。

4.3.3.3 既有居住空间的适老化改造方法

应充分了解老年人的需求，以老年人的活动能力和行为尺度为依据，针对、建筑空间、物理环境、设备系统及其他关键要素等为老年人构建一个宜居的居住空间，并提供技术支撑。适老化改造应根据养老设施建设的相关要求和标准，并结合老年人活动能力和行为尺度，对室内空间、走廊和出入口、卫生间等进行适老化空间及设施的改造。室内环境应根据适老化改造技术相关要点对采光、通风、隔声、保温等方面进行改造。设备系统适老化改造主要包括管网老化改造、电力系统改造等基础设施改造。

智能设备适老化改造研究，包括：智能监控管理，跌倒报警设备，智能防火设备，智能门禁设备（一卡通），智能生活设备（净化空气、温度控制、灯光控制、综合娱乐、卫浴系统）。智能设备在改造方式上应经济适用并节能环保。故障检测和维修保养应充分考虑升级改造成本，还应在改造之前充分考虑智能设备适老化改造升级的可行性，重视智慧协同适老化改造的实际应用效果。

从人—环境与经济实用的角度考虑出发，在适用阶段的通过实景体验来改进产品，让产品更好地融入环境中并让人体验舒适地使用感受，另外还可以采用适度升级、模块化组装的方式，优化工序并降低改造的成本，提高产品的社会经济性。

改造中可适当运用“模块化”的思维方法，研究各个部件的整体和各个衔接部分的关键节点，改进目前适老化改造中加装和改装产品的施工方式。以实现推广适老化改造的自动化和标准化的目的，并预留出升级空间，降低施工成本和管理成本，进而有效地提高适老化改造的社会经济效益。

养老产品要充分考虑到防跌倒功能，如电梯防滑扶手和防滑地面的适老化改造。目前市场上防滑地面产品涉及防滑地砖类、卷材类、地平漆类、地板类、地毯类等。不同材质的防滑地面产品各有优缺点，需要充分利用我方体验试点进行实景体验，选择适当的防滑地面产品类别进行改进。

4.4 围绕居家养老的相关服务

居家养老，是指以家庭为核心、不仅为老年人提供专业的养老家庭住宅，

① 于一凡，陈金平．上海既有住宅区适老化改造意愿和需求分析 [J]. 上海城市规划，2014（5）.

还要包涵为居住在家的老年人提供以解决日常生活困难为主要内容的社会化服务。服务内容包括生活照料与医疗服务以及精神关爱服务。主要形式有两种：（1）由经过专业培训的服务人员上门为老年人开展照料服务；（2）在社区创办老年人日间服务中心，为老年人提供日托服务。

在大多数国家，居家养老服务一般是面向生活困难、独居，或者是低收入的老年人提供的。具体的服务有几类：（1）物质生活方面的需求，如衣、食、住、行、用等。（2）帮助老年人进行家庭的适老化的改造，帮助那些基本日常生活有困难的老年人维持正常的生活。（3）包涵精神文化方面的服务，如文化娱乐、各种聚会等；此外还有情感和心理慰藉方面的需求，比如心灵沟通。

老人也有为社会发挥余热来实现自身价值的需求，这也是心理调剂的一个方式。养老住宅、生活服务和医疗服务是老人三个最基本的需求。世界上的很多城市，都非常重视围绕着各个家庭为中心的居家养老体系。因此，我们的各级政府应加紧建立起围绕家庭养老的老年人社区建设，完善基本的服务设施并提供相应的服务。

居家养老服务从本质上应该属于公共服务，同时包含福利服务的范畴。但是在很多城市中服务是有偿的，如果发现某些老人的收入过低或家庭子女给他的赡养费用较少，还不足以支付他们的助老服务费的话，政府会给予其相应的补贴。但是从长远来看，居家养老服务提供商单纯靠减免费用和补贴不能从根本上解决问题，只有在其能够在市场竞争中正常运作的情况下，才能使居家养老服务行业进入良性循环。

老年人在居家养老的过程中需要有一个明确的养老服务付费标准，同时政府也应该出台一些关于养老补贴的指标和规定。假如老人需要居家服务，应先根据其身体情况和家庭情况评估确定其需要哪些服务，然后对其收入情况等做以评估，最后得出所需要的服务价格是多少，以及老人自己能够支付多少，如果无法全部支付，政府需要按规定给出多少的补贴。根据目前世界卫生组织的调研，世界范围内的同一国家内的各个城市的补贴标准并不完全一致。比如像我们国家的北京、上海、南京、大连等地都出台了当地的补贴办法和标准。

目前，比较普遍的居家养老的组织形式有两种：（1）针对有自理能力的、身体状态比较好的老年人，这些老年人的家庭应尽量与社区保持紧密联系，并动员这部分老年人尽量从家里走出来，来接受社区服务，或是参加一些社区组织的活动，可以让老人更全面地接触社会，这样对老年人的精神文化情感方面大有裨益。(2)针对那些身体不能自理、走不出来的老年人，需要相关人员进行上门服务的方式主动接触老人，这样使这部分老年人在家里也能享受社区服务。这种模式需要政府出台一些规定并与市场相互配合才可以进行。

目前居家养老的护理人员由两个部分组成:(1)一部分为专业化的养老护理员，不仅要经过培训还要取得相应资质;(2)另一部分是志愿者的队伍，需要发动社会力量，发动社区、相关部门单位及学校等进行合理安排，志愿者给老人提供力所能及的无偿服务。

另外还值得注意的是，我国目前的养老服务体系建设尚未完善，还不能满足老年人入住养老机构的需求，某些地区绝大多数老年人只能选择居家养老。国家“十二五”规划纲要提出，每千名老年人拥有床位要达到30张。但目前，由于全国养老机构仅有床位390万张,每千名老年人拥有养老床位只有20.5张，离纲要提出的标准还有很大缺口。所以，能够入住养老院的只是很少一部分老年人。

选择机构养老的老年人尽管只占10%，但这部分老年人的绝对量在2000万人以上。从经济状况来说，与发达国家在经济高度发展基础上步入老龄化社会不同，我国是在经济发展水平还比较低的阶段就进入老龄化社会，呈现典型的“未富先老”特征。由于经济不发达，导致人均收入水平比较低，并且绝大多数老年人收入水平更低。居家养老服务费和养老机构的费用定价要考虑服务对象的家庭经济承受能力。

4.5 相关建筑技术经济指标体系

生活圈居住区用地技术经济指标 **表 4-1**

名称	建筑气候区划分	住宅建筑平均层数类别	五分钟生活圈居住区	十分钟生活圈居住区	十五分钟生活圈居住
住宅用地容积率	Ⅰ、Ⅶ	低层(1层~3层)	0.7~0.8	0.8~0.9	—
	Ⅱ、Ⅵ		0.8~0.9	0.8~0.9	
	Ⅲ、Ⅳ、Ⅴ		0.8~0.9	0.8~0.9	
	Ⅰ、Ⅶ	多层Ⅰ类(4层~6层)	0.8~1.1	0.8~1.1	0.8~1.0
	Ⅱ、Ⅵ		0.9~1.2	0.9~1.1	0.8~1.0
	Ⅲ、Ⅳ、Ⅴ		1.0~1.2	0.9~1.2	0.9~1.1
	Ⅰ、Ⅶ	多层Ⅱ类(7层~9层)	1.2~1.3	1.1~1.2	1.0~1.1
	Ⅱ、Ⅵ		1.2~1.4	1.2~1.3	1.0~1.2
	Ⅲ、Ⅳ、Ⅴ		1.3~1.6	1.2~1.4	1.1~1.3

续表

名称	建筑气候区划分	住宅建筑平均层数类别	五分钟生活圈居住区	十分钟生活圈居住区	十五分钟生活圈居住
住宅用地容积率	Ⅰ、Ⅶ	高层Ⅰ类（10层~18层）	1.4~1.8	1.2~1.6	1.1~1.4
	Ⅱ、Ⅵ		1.5~1.9	1.3~1.7	1.2~1.4
	Ⅲ、Ⅳ、Ⅴ		1.6~2.0	1.4~1.8	1.2~1.5
	Ⅰ、Ⅶ	高层Ⅱ类（19层~26层）	—	—	—
	Ⅱ、Ⅵ				
	Ⅲ、Ⅳ、Ⅴ				

（表格来源：GB 50180—2018，城市居住区规划设计标准 [S]. 北京：中国建筑工业出版社，2019.）

居住街坊用地技术经济指标 表 4–2

名称	建筑气候区划分	住宅建筑平均层数类别	住宅用地容积率	建筑密度最大值	绿地率最小值
居住街坊用地与建筑控制	Ⅰ、Ⅶ	低层（1层~3层）	1.0	35	30
	Ⅱ、Ⅵ		1.0~1.1	40	28
	Ⅲ、Ⅳ、Ⅴ		1.0~1.2	43	25
	Ⅰ、Ⅶ	多层Ⅰ类（4层~6层）	1.1~1.4	28	30
	Ⅱ、Ⅵ		1.2~1.5	30	30
	Ⅲ、Ⅳ、Ⅴ		1.3~1.6	32	30
	Ⅰ、Ⅶ	多层Ⅱ类（7层~9层）	1.5~1.7	25	30
	Ⅱ、Ⅵ		1.6~1.9	28	30
	Ⅲ、Ⅳ、Ⅴ		1.7~2.1	30	30
	Ⅰ、Ⅶ	高层Ⅰ类（10层~18层）	1.8~2.4	20	35
	Ⅱ、Ⅵ		2.0~2.6	20	35
	Ⅲ、Ⅳ、Ⅴ		2.2~2.8	22	35
	Ⅰ、Ⅶ	高层Ⅱ类（19层~26层）	2.5~2.8	20	35
	Ⅱ、Ⅵ		2.7~2.9	20	35
	Ⅲ、Ⅳ、Ⅴ		2.9~3.1	22	35
低层或多层高密度居住街坊用地与建筑控制指标	Ⅰ、Ⅶ	低层（1层~3层）	1.0、1.1	42	25
	Ⅱ、Ⅵ		1.1、1.2	47	23
	Ⅲ、Ⅳ、Ⅴ		1.2、1.3	50	20
	Ⅰ、Ⅶ	多层Ⅰ类（4层~6层）	1.4、1.5	32	28
	Ⅱ、Ⅵ		1.5、1.7	38	28
	Ⅲ、Ⅳ、Ⅴ		1.6、1.8	42	25

（表格来源：GB 50180—2018，城市居住区规划设计标准 [S]. 北京：中国建筑工业出版社，2019.）

主要老年人照料设施项目用地技术经济指标　　表 4-3

建筑类型	老年养护院	综合社会福利院	急救中心	城镇老年人设施
建筑密度（%）	≤ 30%	≤ 35%	40%	≤ 30%
容积率	≤ 0.8	0.6~1.0	0.8~1.5	—
绿地率（%）	不应低于当地城市规划要求	—	—	新建≥ 40%，扩建改建≥ 35%

（表格来源：J144–2010. 老年养护院建设标准 [S]. 北京：中国计划出版社，2010. J179–2016，综合社会福利院建设标准 [S]. 北京．建标 177–2016. 急救中心建设标准．城镇老年人设施规划规范，2018 年局部修订．）

4.6　优秀适老居住空间案例

4.6.1　养老住宅合作社：Bowen Court

宝云庭院（Bowen Court）是一个含有 18 个住宅单元的"长者住房合作社"，它于 1982 年在加拿大不列颠哥伦比亚省大温哥华区域的宝云岛（Bowen Island，BC，Canada）的郊区 Snug Cove 正式成立。在宝云养老合作社的项目中，其步行范围内拥有完善的配套设施（商店、药店、诊所、邮局和图书馆等），公共交通站点步行就可以前往，同时与海岛渡口相连。它是专门为有自理能力的老人准备的合作社住房项目（55 ~ 85 岁），并不在社区中提供医疗介护和护理辅助等服务。

"住房合作社"，一般来说住房合作社是一个法人实体，通常由合作社或以公司的形式运营，其拥有不动产，由一个或多个住宅建筑组成。住房合作社是一种独特的房屋所有权形式，具有许多不同于其他住宅安排的特征，例如单户住宅所有权、共管公寓和租赁。

早在 1930 年，加拿大人就开始尝试建造和生活在住房合作社之中——其通常由成员中间选举出并设置一个指导委员会来统一管理合作社的商业和经济方面的问题，合作社中所有的成员都拥有平等的投票权，成员们共同协作以保证合作社住房的可负担性和良好的管理制度。

根据加拿大不列颠哥伦比亚省住房合作社总结，合作社社区通常具有以下几个共有特点：

（1）合作社是会员的合法协会。

（2）合作社成员拥有合作社，而合作社拥有住房，即成员并不拥有自己的住宅单元。

（3）合作社成员共同协作创造一个在社会和经济层面具有可行性的合作社社区模式。

（4）合作社的居住单元通常被视作一个“家庭”，而不是不动产投资。它强调了其合作社目标在于居住的“保有权”而不是房屋的“产权”。

（5）合作社由混合收入阶层人群组成。

老年群体对于合作社制度来说具有相当的契合度。虽然在加拿大政府所推广的合作社住房项目中其面向的是全年龄各阶层群体，但是老人的参与度相对于其他群体是明显高出的，因为通常老人有着更多的时间和热情参与到社区和合作社的整体管理与运营之中。

4.6.2 住宅的可访问运动：Concrete Change

Concrete Change是一个住宅可访问性运动组织，它从1986年起致力于让所有房屋（包括住宅和公建）面向老人和行动不便的群体，具有“可访问性”。住宅可访问运动的成功推广归因于——相对简单的需求（三原则）、清晰严格的优先级，以及在所有新建建筑中的通用性。

在美国、加拿大等北美地区，以家庭无障碍设计（适老化设计）为主导的家庭建造方案，通常将其分为访问式住宅（初级Visitable）、适应性住宅（中级Adaptable）、无障碍住宅（高级Accessible）三个等级。访问式住宅（Visitable House），它作为无障碍设计原则下融入新建住宅的一种简化方案而得以在欧美地区迅速推广。可访问性（Visitable House）这个术语指在低密度、自用住房区域，通过简单的设计手段使那些行动不便、上楼困难、轮椅使用者可以自由出入的生活方式。住宅可访问性运动（Concrete Change）——Concrete Change是一个从1986年起，致力于让所有房屋（包括住宅和公建）都具有“可访问性”的国际组织——可以说它改变了整个美国、加拿大地区新建住宅的实践过程，它不仅仅为行动不便的住户家庭提供便利，使为行动不便的客人到家中访问变得更加容易。

根据Concrete Change组织的数据，一个住宅需要满足以下三个基本原则就可以被认为是“可访问住宅”。

至少拥有一个无障碍的入口门廊；室内外所有门和通路最小达到860毫米；首层布置三件套无障碍卫浴间。

可访问住宅运动与其他两个等级相比，更注重在新建住宅建造前期就进行可访问性调整。在美国地区可访问住宅运动更多是在法律和政策层面进行运作，而不是一种基于自主和教育案例意义的主观意识。因为新建住宅的原因，实现可访问性功能的成本几乎可以忽略不计。三要素：无障碍入口、宽阔的过道和无障碍卫浴。住宅可访问性运动的成功归因于其简单的需求、严格的优先级，以及在所有新建建筑中的适用性，并不仅局限于特定用途的住宅。可访问性住宅一定程度上消除了住户与外界的隔离，让行动不便的人群可以自由地拜访家人、亲友和邻居。

温哥华地区已经在2013年通过了提高新建住宅“可访问性”和“适应性”的相关法规。根据调查，在加拿大的很多社区中，对于“可访问性”的需求通常来源居住者自愿。许多地方政府在住宅的预设计初期就要求并鼓励“可访问性”功能的融入，这样住宅开发商就可以在机会零成本的情况下进行请求整合。多数区域政府目前仍没有将住宅“可访问性”需求纳入地方规范之中。在加拿大地区的推广中，私人住宅开发项目中地方政府不能要求超出本地建筑规范外的无障碍功能。

4.6.3 多代混居家庭住宅：Lennar Next-Gen House

美国房屋建造公司Lennar在近两年却开始推行了一套以家庭混居、独立隐私为设计思路的家庭多代混居住房计划，其想要尝试让人们可以体会到家庭式养老生活的天伦之乐的同时，也一定程度上为家庭节省部分开支。美国莱纳房屋公司（Lennar）是一家美国本土的住宅房屋建造公司。他们特别为家庭多代混居情况下既可共享生活也能保有隐私的生活状态设计了一款新的住宅形式，并将其命名为“次世代住宅：家庭中的家庭”（Next Gen house：Home within a Home）。

简单来说，它的设计将一个独立的居住单元（包括厨房、车库、浴室）放置在一个大型家庭住宅的包裹之中。以个人和家庭在空间使用上的灵活运用为中心，这种特殊模式可以让老人和成年子女一同居住在一个单独且完全融合的大家庭环境之中。为家庭成员在其父母、子女、亲属家中提供共享且独立的居住空间。提供一个功能灵活的空间选择，其既可以作为居住空间，也可以作为房屋所有者的额外起居空间。根据美国相关规范和用地分类，次世代住宅被归类为“带有附属住宅的独立家庭住房”（Single Family house）。这种住宅设计方式主旨在于将附加的附属住宅“融入”现有独立住宅之中——一是因为很多地区对加建和新增部分有所限制，二是加建改造经常从外观上造成不协调。

在一个独立住宅首层平面中建设一个拥有独立起居空间、小厨房、卫浴和卧室的住宅空间。目前美国莱纳房屋公司推出的这种类型的住房中，多数属于平房住宅，拥有185平方米+的主要居住空间和60平方米左右的独立居住空间，总计4间卧室+小书房+3个卫生间。其不仅可以为老年人与家庭共同居住使用，它也可以变成通过不同需求的房客进行任意组合的出租形式。在房屋买卖租赁方面，它可以充当老年人或屋主的抵押贷款和租赁收入形式。可以作为一个护理套房给居住在主要住宅区域的老人使用。

4.6.4 独立自主的共同养老生活：Baba Yaga House

Baba Yaga 住房是法国蒙特勒伊一个自主管理的社会住房项目，它坐落于巴黎东侧的半郊区地带之中。该项目由一群充满活力的老年女性发起并得以实施。这些老人选择通过共同居住的生活方式来让自己的养老生活保持独立和自主。最初，组织者意识到她们需要一种替代的养老模式——其以护理养老为基础，孤立她们认为会滋生依赖性的养老环境，进而获得更多独立自主的生活模式。后来，她们合作开发了一种模式，使其既可以让每个住户保持相对的自主权，又可以在互相照顾的同时让本地社区保持活跃状态。项目本身是一座 6 层高的住宅建筑，由 25 个独立的居住单元组成。其中 21 个居住单元是专门为老年住户所提供的，其余 4 个给青年学生居住，让整个公寓保持“具有活力”的生活氛围，同时给老年居民提供指导和社交互动的机会。项目地处于蒙特勒伊中心区域，靠近公共交通枢纽、商业街和当地文化剧院。为了增进与本地社区的交流与互动，Baba Yaga 住宅为本地志愿者提供义工机会，并且开放面向周边社区居民的开放式日常课堂。

整个项目耗时 13 年，全部完成花费接近 400 万欧元。它得到了政府的投资建设。由于居民不必选择在国营的护理院养老，同时项目过程中也不需要政府提供护理人员和工作人员费用，所以八个州的政府机构总共为该住房项目投入了 400 万欧元的费用。

在 2016 年，它作为 21 名 66 ~ 89 岁老年女性的养老之家。其中 7 名老年妇女属于贫困人群。住户拥有一个小卧室，共享厨房、起居和厨卫区域。部分住户筛选条件是基于其能否为养老社区做出多少贡献。每个住户需要平均支付 420 欧元月租作为公寓租住费用。法国 2 个类似的计划已经在当地展开，政府机构对该模式表示抱有浓厚兴趣。多伦多市一家共同住房机构正在使用相似的模式进行实践。Baba Yaga 模式针对低收入老年女性提供住房措施。Baba Yaga 社区运营的关键原则是对可持续性的承诺。适老化建筑、共同居住、环境响应的设计手段是项目关键要点。

这种模式可以用任意尺度纳入现有的住宅社区中，同时满足适老化和老年居民的各种需求。共同住房拥有悠久的发展历史，欧美及远东很多地区的市政部门都已经设立了相关申请建造流程协助申请。在许多案例中，共同居住住房在多家庭住宅区是被允许的，并不需要为其进行额外的土地分区调整。在欧美等地区，其作为一种“出租房”模式，很多项目通过土地分区规章划分为“空屋”（Rooming Houses）属性。

除了法国原始的 Baba Yaga 共同养老模式外，一群多伦多的老年人受到启发也想要制作加拿大版本的 Baba Yaga 模式。迄今为止，参与 Baba Yaga 拟定计划的参与者已经超过了 150 名成员，同时该组织已经申请了联邦基金进行资助建设，目前已经正式进行了可行性研究报告。在多伦多版本的 Baba Yaga 中，共同居住将不只面向老年女性住户，其准备保持“代际”居住作为主要原则，以便为所有的老年居民提供社交、文化等更多的实际利益。相对于新建一套公寓，组织者决定在一处现有公寓建筑中进行适老化改造，同时以非营利组织的运营模式进行房屋管理。居住在这里的居民在互相照顾的同时，额外医疗护理在多伦多的 Baba Yaga 中作为必要项，组织者考虑雇佣医疗看护的专业人员，同时为其提供居住空间。总而言之，Baba Yaga 模式是对选择居家养老的老年人所面临的一系列挑战与问题的积极回应。

4.6.5 装配式的护理木屋：Echo Cottage

根据全球的情况调查表明，随着“居家养老”概念的普及，越来越多的老年人逐渐将在自己一直以来生活的社区和家庭中进行养老，这样也让全世界的市政都面临着来自适老化住房和辅助支持的严峻挑战。

在过去的 40 年间，人们已经开发出了一系列关于装配式木屋风格的解决方案，从完善的小型住宅到配备升降机、感应器、自动监控装置和辅助照护的照护木屋，包括了极具复杂性的各种方案。长者装配式木屋（Elder Cottage Housing Opportunity），被人们熟知为“ECHO 住房系统”——也就是建筑和医疗、医养产业和居家社区所共同合作下所诞生的产物。它作为一个预制单元可以被安置在任何家庭成员的后院或闲置的空地之中，同时与现有住宅区的下水、供暖、电气系统相连接。

其同时也鼓励了社会保障性住房的快捷迅速发展，在美国和澳大利亚的部分情况中，其基于用地分区和市政规划的调整，这些装配式建筑可以在不需要时随时拆除废弃，也可以作为永久性住房（美国体系下分为花园洋房、街巷住宅等住宅用地属性）提供出租服务。

预装式木屋（临时建筑）在美国和澳大利亚等部分地区已经得到了合法许可。相关的实验计划在阿尔伯塔省的卡尔加里展开，研究人员由卡尔加里大学的专业研究人员和学生组成。如果按永久性住宅（“花园木屋”和“套房”）进行用地开发，这些预装木屋可以提供长期生活选项。

花费主要取决于特殊的配套要求不同，装配式木屋的成本在 75000 美元到 125000 美元之间，额外需要支付基础建设、水电暖线路设备等费用。预装式单元可以随着医疗照护等级的提升而采用更多的医疗照护辅助设施。预装式单元通常大小为 35 ~ 75 平方米之间的包括独立厨卫、客厅、卧室的完整住房。专业医疗照护型的装配式木屋已经开始在美国、加拿大和澳大利亚推广普及。如果“花园套房”或者“套房”永久住宅用地性质被批准，房屋则可以进行出租，一可以为保障性住房提供房源，其次可以抵消房屋初期的建造成本。如果不再需要，装配式单元可以被重新放置和售卖，可以让其拥有者减少花费。

ECHO 装配式木屋特别适用于在用地分区细则下可以适应不同住房类型选择的区域——其中既包括出租房源短缺的城市高密度住宅区，也包括拥有大量空闲土地的郊区和农村区域。在某些区域，装配式木屋的安装费用可能会由政府、相关机构根据照顾政策不同提供减免措施，这很大一部分为某些机构长期运营独立照护提供了可能性。同时，如果家庭中的老人不再使用木屋之后，在用地性质批准的情况下，可以以短租或长租的形式进行出租。可惜的是，虽然装配式木屋所推崇的可移动性和灵活的安装策略，但其安装完成后在转移运输上十分困难且花费巨大。关于装配式木屋的出售，在部分区域很难找到愿意收购的买方且在无破损的情况下进行整体转移，因此在无形中增加了房屋的整体成本。

4.7 阿尔茨海默病宜居空间的构建

2 阿尔茨海默病宜居空间的构建

阿尔茨海默病也称为老年痴呆症，阿尔茨海默病是一种起病隐匿的进行性发展的神经系统退行性疾病。临床上以记忆障碍、失语、失用、失认、视空间技能损害、执行功能障碍以及人格和行为改变等全面性痴呆表现为特征，病因迄今未明。65 岁以前发病者，称早老性痴呆症；65 岁以后发病者称老年性痴呆症。伴随着全球老龄化的不断发展，痴呆症正在影响越来越多的老年人和其亲人的生活。除了通常对日常记忆、反应、行为的影响外，该疾病还可能损害对感觉信号的感知和介入。

阿尔茨海默病的病人由于记忆障碍等影响，在日常生活中比正常人更容易面临各方面的压力，减少常见压力起到了至关重要的作用，适当和善解人意的人性化设计可以为阿尔茨海默病老年患者提供一个更有尊严的生活环境。

荷兰作为最具有前瞻性思维的国家之一，为痴呆症患者创造了一个创新性的计划，也就是众所周知位的于韦斯普镇的霍格维克（De Hogeweyk）痴呆症小镇，该区域内包含一个完全自给自足的村庄，设施包括居住、商店、剧院和邮局等。患者居住在其记忆中具有熟悉感的“房屋”之中。在村庄周围只设置单独一个出入口，让居民可以在安全的环境中自由移动并与他们互动。居民的亲人可以通过放置在日常衣物上的监控和照护者一起对患者的健康进行全面监控。

霍格维克社区是荷兰著名的专为痴呆症患者特殊设置的环境，它提供了更多的阿尔茨海默病的护理机构宜居空间的想法和概念：

（1）通过视觉线索创建轻松的导航型空间：痴呆症患者不习惯环境的改变，通常会忘记他们已经移动或者为什么移动，因为他们学习新路线和布局的认知能力有限。他们倾向于寻找熟悉的方向元素或者依赖于立即可见的视觉元素。生活区域应遵循简单的布局原则，提供显而易见的目的地——不需要记住在哪里找到它们。认知障碍会影响辨识信号的能力。以如厕为例，首先，患了认知障碍的人可能会不知道厕所的具体位置，所以需要在一眼能够看到的地方设置卫生间，公共区域卫生间应当在痴呆症患者视觉距离内，同时还要在每个卧室设置位置标识明显的卫生间。其次，在平面布局上不设计死胡同。我们通常将居住的卧室空间放置在中央位置，沿周围和两端设置公共活动空间，这种布局方式允许居民沿任何方向前进并且迅速找到目的地。

（2）多样性的公共空间：痴呆症患者根据自己的个人兴趣和病情的严重程度会产生不同的要求。有些人可能会享受比较宽敞的活动区域，有些人则喜欢相对安静的小型空间。根据各个机构面对的不同需求提供不同规模和尺度的公共活动空间，并采用不同材质的家居和饰面区分休息室和用餐区域。

（3）巧妙的声学设计：痴呆症患者可能比正常群体更容易收到噪音干扰，因此他们更可能因噪音而导致情绪上的沮丧。因此，声学的设计是一个重要方面。从声学的角度上，我们首先把每个居民卧室视为一个独立的单元。在卧室之间采用砌块墙（加气混凝土砌块），它提供了一个可以满足绝大部分声学要求的基础条件，并且不易受到后期改动的影响。

（4）照明与自然光：老年人的视力随着年龄的增长快速下降，所以对于日常照明光量的需求也随之增加。一个 75 岁的老人需要的日常照明光量大约是 20 岁年轻人的四倍多。同时老年人的色彩识别和空间深度感也会随之减弱，这些现象在痴呆症患者中更为普遍，因为痴呆症患者大脑处理视觉信号的方式会受到一定程度的影响。因此，设计采用适当面积的玻璃窗来引入足够的自然光，它不仅可以提供更为均匀的光分布，而且提供了更好的显色性和色彩对比度。走廊区域设置适当面积的玻璃窗，以提供足够的可见度。

（5）颜色与对比度：地板饰面的选择上，应当避免颜色的变化过于僵硬。具有高对比度的条带可能被痴呆症患者误认为是一个台阶，甚至在更为糟糕的情况下会被误认为是一个裂缝。

在家具的颜色选择上要尽量将老年人焦虑的情绪降至最小。卫生间的门应当具有较高的辨识度，以便于识别。同时对饰品的纹理选择需要更为谨慎，因为痴呆症患者可能会对某些纹理产生误解。如地毯和台面上的斑点图案经常被理解为污垢，这会导致部分痴呆症患者出现古怪的举动，一直试图拾取或清洁这个区域。

（6）外部空间：在外部空间之中沐浴阳光和呼吸新鲜的空气，对于痴呆症患者的身体和心理健康都很有益处。众所周知，多晒太阳有助于增加骨骼强度和肌肉性能。疗愈花园更多的是起到调节痴呆症老年人情绪的作用，疗愈花园在设计上可以考虑一系列尺度不同的空间类型，步行的道路要保证安全平坦，并且还要注意每隔一段距离需要设立临时休息座椅，为痴呆症老年人提供一个舒适的活动和社交空间。

（7）兼顾照顾者的建筑设计：目前大部分的痴呆症老年人还是以亲人照顾为主，通常会由一名直系亲属照顾，另外还有一部分痴呆症患者进入专门的疗养机构，由机构的工作人员进行看护。照顾痴呆症患者其实是很困难而又具有长期性的工作，同时，照顾痴呆症的老年人也会给其亲属以及其家庭带来巨大的压力。所以，为照顾者的设计考量是非常必要的，尤其是在咨询或者其他配套服务设施上，应为他们减少压力、提供便利。在建筑设计上需要表达出对痴呆症患者及其亲友的尊重。单体、室内和标志设计都应当减弱“护理、被照顾”等类似的元素及信息。建筑定位应为面向所有人的社区服务设施，提供温馨的、积极友好的环境情景，痴呆症患者亲属和照护者可以随时来到这里寻求建议和支持。

第5章

从山水到客厅——北京穆家峪老年宜居环境构建的探索

5.1 背景

5.1.1 人口老龄化、城市生态环境污染是我们面临的重大社会问题

人口老龄化：来自全国老龄工作委员会办公室的数据显示，截至2017年末，全国60岁及以上老年人口达2.41亿，占总人口的17.3%。预计到2050年前后，老年人口数量将达到4.87亿的峰值，占总人口的34.9%①。

城市生态环境污染：中国正在经历快速城镇化发展阶段，大规模城市建设和土地扩张带来了诸如水资源匮乏、能源枯竭、雾霾严重、交通拥堵、环境污染等"城市病"问题。

我国人口老龄化和城市生态环境污染问题交织在一起，使得中国的社会发展问题变得更加复杂。中国人口老龄化快速演进与城镇化快速推进的同步，也是世界范围内独一无二的情况，所以要求我们立足我国的基本现状，积极寻求解决方法。

5.1.2 新时代我国城市发展的新形势

基于我国城市发展的现状和面临的人口老龄化、城市生态环境污染问题。党中央和国务院高度重视，在方针政策上及时调整思路应对，把适老生态宜居环境建设提上重要日程，作为宜居城市建设的主要内容。

2016年10月，全国老龄委办公室、国家发改委、民政部等25部委联合印发《关于推进老年宜居环境建设的指导意见》[2]。意见充分考虑人口老龄化因素、老年人身心特点及使用需求，提出了老年宜居环境建设这一新理念，并针对"住、行、医、养"等方面提出了五大老年宜居环境建设板块，17个子项重点建设任务，包括推进老年人住宅适老化改造、支持适老住宅建设、完善老年友好型交通服务、强化住区无障碍出行交通环境、优化老年人就医环境、提升老年健康服务科技水平、加快配套设施规划建设、加强公共设施无障碍改造、大力发展老年教育、营造老年社会参与支持环境等内容。

2017年3月，国务院印发《"十三五"国家老龄事业发展和养老体系建设规划》[3]中，强调推进老年宜居环境建设，建设内容包括推动设施无障碍建设和改造、营造安全、绿色、便利的生活环境和弘扬敬老养老助老的社会风尚。同时强调开展老年宜居环境示范建设行动，内容包括完善老年宜居环境建设评

① 清议．更加积极应对人口老龄化[J]. 中国人力资源社会保障，2018，106（12）：53.

价标准体系，开展“老年友好城市”和“老年宜居社区”建设示范行动，继续开展全国无障碍城市创建工作。

党的“十八大”将生态文明建设纳入中国特色社会主义“五位一体”总体布局，提出以绿色发展理念引领城市发展。习近平总书记多次强调“绿水青山就是金山银山”“保护生态环境就是保护生产力、改善生态环境就是发展生产力”。“十三五”规划明确了创新、协调、绿色、开放、共享的新发展理念。

党的“十九大”提出中国特色社会主义建设进入了新时代，大规模的城市扩张建设转变为以美丽城市和美丽乡村共同组成的美丽中国的建设。构建山水林田湖草生命共同体成为国土空间战略。

这些都使得构建生态适老宜居环境、打造高品质的幸福生活成为当下的重要使命。我国政府对于城镇发展策略的重新调整给我们老年宜居城镇的构建提供了新的思路与新的契机，我们将紧紧抓住这一有利发展趋势，努力去打造一个生态适老宜居的家园。

5.2　穆家峪互助型生态适老宜居城镇的发展基础

为了解决当前我们面临的人口老龄化、城市生态环境恶化问题，同时也响应我国政府建设生态适老宜居环境的要求，我们选择了距北京中心城区 70 公里的密云穆家峪镇作为研究对象，编制了《北京密云穆家峪老年宜居城镇空间规划》。

在前期，我们深入调研了美国、德国、日本等发达国家的养老模式，我们借鉴了国外发达国家积极老龄化、健康老龄化、生产性老龄化的先进理念，此外在生态适老宜居环境建设实践方面，我们深入调研了美国的相关城镇建设、德国的社区构建、日本的建筑设计等，这些前期的调研都为我们以后研究的开展奠定了良好的基础。

同时，我们深入研究了北京市现阶段养老模式的特征，总结归纳为如下内容：家庭养老的功能在弱化、高房价制约居家养老发展、邻避效应阻止老社区兴建养老机构、公办养老力不从心、老年人需要更多层次和更多方面的精神文化相关的服务。

在总结归纳前期调研的基础上，穆家峪生态宜居适老城镇的发展目标将瞄准养老发展趋势，着眼现实需求，尊重事物发展的阶段性规律，综合考虑现实需求与未来需求。按照市场主导、政府支持的模式，把居家养老、社区养老、机构养老等模式有机结合起来；通过规模化建设生态适老宜居城镇，聚集各类老年护理领域的专业人才，提供高品质、专业化、全龄段的照护服务；从而满足老年人多层次、个性化的养老需求，探索适合北京社会转型背景下的养老服务模式，将穆家峪镇打造成为一座真正的生态、适老、宜居的新型城镇。

通过实地调研和研究分析，我们发现穆家峪镇具有适合生态适老宜居城镇建设的两大优势——交通优势和生态优势。

交通优势：穆家峪镇地处北京“1 小时交通圈层”，区位交通优势显著（图 5–1）。穆家峪镇与北京中心城区的距离为 70 公里；京承高速、101 国道约 1 小时车程；随着京沈高铁折返线的运营，未来 S6 轻轨线将延伸至穆家峪镇，交通优势将进一步得到体现。

穆家峪镇位于密云县的中心位置，北依密云水库，西靠密云新城城区。本项目规划范围与穆家镇行政区划范围一致，总面积为 102 平方公里（图 5–2）。

生态优势：穆家峪镇生态优势主要体现在其紧邻“密云新城”，北依密云水库，属于低山浅丘区，四周群山环绕，境内曲水中流，生态资源优势明显，作为北京的生态屏障，境内林地面积达 6532 公顷，生态覆盖率高达 85%，形成了一个相对稳定的小气候。穆家峪周边生态自然资源丰富，其中包括黑龙潭、南山滑雪场等 A 级风景景区，为穆家峪生态适老宜居的打造提供了区域环境支撑。

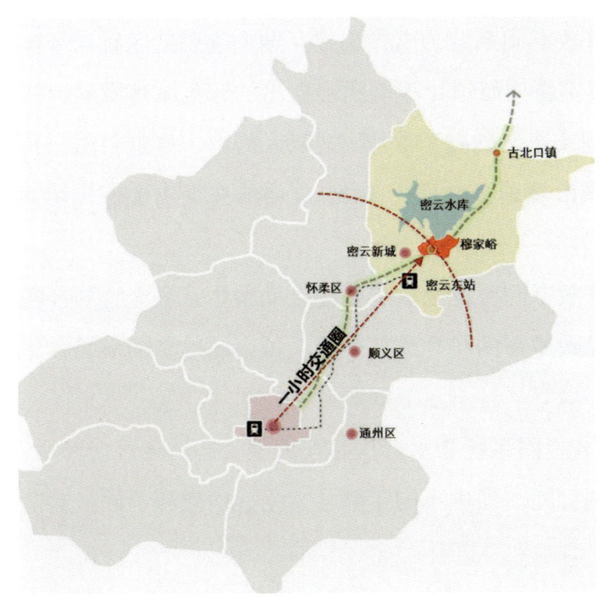

图 5–1　北京穆家峪“1 小时交通圈层”示意图（图片来源：自绘）

图 5–2　北京穆家峪项目区域范围（图片来源：自绘）

穆家峪生态适老宜居城镇将充分利用好本土的优势，通过对接城乡发展和养老需求。特别是对城郊农村地区的适老化城镇建设进行延伸性探索，毗邻大城市的中小城镇，依托大城市完备的医疗设施和畅通的交通环境，利用小城镇尚未饱和的生态承载力，分担中心城市的养老功能，充分发挥小城镇的良好生态环境优势。通过农村集体建设用地的入市，积极引入"城郊一体化"的养老服务体系，进行统筹布局、完善公共服务功能，乡村改造升级，促进大中小城市之间有机分工和协作，同时完成城乡适老宜居环境建设，指导城乡建设积极应对老龄化危机。

穆家峪生态适老宜居城镇规划人口约 10 万人，其中老年人口约 4 万人。通过对深重度老龄化人口结构的社会运行环境进行模拟，解析深重度老龄化人口结构对城镇发展和城镇建设所提出的各项指标的要求。通过配置优质资源，拉动区域经济，保障国民养老社会化体系落地，支撑生态适老宜居城镇可持续发展。从而开创社会事业与经济发展同进、共赢的新格局。构筑城市与自然交融的生态本底，在产业结构、空间布局、设施分布、交通体系等方面研究老龄化给城乡建设发展带来的影响，并提出规划、政策与建议。

5.3 互助型生态适老宜居城镇的突破与创新

5.3.1 互助型生态适老城镇突破

从山水到客厅，以生态开放空间系统为引导构建互助型生态适老宜居环境正是响应国家政策的号召；落实新型城镇化战略明确提出的绿色城市发展，将生态文明、绿色低碳作为规划要坚持的基本原则；把以人为本、尊重自然、传承历史、绿色低碳理念融入城市规划全过程；把生态文明放在突出地位，切实推动我国生态文明建设发展。

从山水到客厅，以生态开放空间系统为引导构建互助型生态适老宜居环境是要解决多年的扩张式开发导致城市的肌理破坏严重、城市绿地空间不足、景观功能不完善、老年人居住环境宜居性不足等问题。

从山水到客厅，以生态开放空间系统为引导构建互助型生态适老宜居环境，提供了社会融合与互助交往的空间，促进不同年龄、文化、宗教和不同社会阶层间人们的交往。

从山水到客厅，以生态开放空间系统为引导构建互助型生态适老宜居环境，从老年人的需求出发，从互助型生态适老宜居城镇——互助型生态适老宜居社区——互助型生态适老宜居建筑——垂直庭院——阳光花室，让“山水”一步一步走进老年人的生活。自然生态环境使得我们的城市变得更加适老、更加宜居、更加有活力。

让老年人的生活充满自然的美、新鲜的空气以及难得的宁静；让老年人生活的环境更加宜居；让老年人与所处的环境保持鲜活与密切的联系；让老年人不仅老有所养、老有所依、还老有所乐、老有所安，最终营造出一个以生态开放空间系统为引导的互助型生态适老宜居环境。

5.3.2 互助型生态适老城镇创新

基于对穆家峪镇现状的分析研究，借鉴国内外养老模式，以打造互助型社会为纲领，以老年人行为尺度为根本，以均等化配置公共服务设施为原则，进行生态适老宜居城镇建设模式创新的探索。我们以打造生态康养、适老宜居城镇的目标为要求；确立城镇主题功能；平衡区域人口结构；创新健康养老模式。针对健康问题、养老问题、生态环境问题，提出了生态适老宜居城镇互助交往空间模式创新、生态适老宜居城镇空间布局模式创新两个方面的创新突破点。

互助交往空间构建模式创新

在城镇公共空间，注重开放、融合的公共空间营造。倡导在互助型社区内发挥每一位活力老人作为志愿者的主观能动性,共建新型互助家园。通过介助、介护等方式让老年人在熟悉的环境中继续居住，并获得与身体状况相对应的照料服务。

本着社会成员平等享有社会公共资源为出发点，进行资源融合、环境融合、社会阶层融合、设施融合、文化融合，重构社会互助守望之体系，把握好人口结构与城乡统筹的整体性协调，实现城镇经济、生态以及社会的可持续发展。在公共服务设施上借助开放的街区模式，通过空间融合、城乡融合、社会融合，实现公共设施的共建、共享。

空间融合：城镇规模、街道尺度、建筑尺度、广场等公共活动空间的尺度力求符合人的需求、增强人的存在感、促成建立以友好的社会尺度为基础的城镇空间。

城乡融合：突出田园风貌，强调地域特色，保持自然本底，珍惜历史遗存，构建一体化、网络化的城乡体系。

社会融合：公共服务面向全社会开放；促进不同社会人群交流相处，组织交往空间，建设老年人之家等；开展生活圈规划，建设友好型社会。

5.3.3 城镇空间布局模式创新

生态适老宜居城镇空间布局模式创新主要体现在街区尺度和功能布局两个方面，以满足老年人需求为核心，依据老人的行为尺度，来构建城镇的尺度、规模与功能布局。

在街区尺度方面，通过窄马路、密路网的道路格局，塑造开放活力的城镇街区尺度，提高交通的可达性，同时在社区内部增设公共开放人行步道。

在功能布局方面，满足老年人生理和心理的特征需要，围绕公共服务设施建设居住建筑，采取紧凑混合、有机联系的组团式布局。其中组团式布局是根据服务级差，划分若干住宅群；紧凑混合是强调住宅及公共服务的紧凑、复合利用；有机联系则是建设密切衔接的便捷路网系统，使得建筑之间形成有机联系，彼此开放的公共街区。

5.4 互助型生态适老宜居城镇规划思路与发展策略

5.4.1 基于生态优先的适老宜居城镇规划思路

生态适老宜居城镇更加注重对生态制约要素的分析，基于对区域生态敏感性、区域发展潜在风险和生态承载力的评估，通过海绵城市建设理念落实和资源循环利用系统的构建来保障整体生态安全格局，塑造高品质生态环境。

首先，通过利用地理信息系统（GIS）和空间分析技术，对不同生态问题进行分析和诊断，集合生态空间斑块、生态综合敏感评价、用地建设适宜评价等多因子分析，在保护和改善生态环境的基础上，构建生态本底安全格局。

其次，在公共开放空间层面强调以公共绿地系统为骨架、链接山、水、林、田的绿色公共空间；结合外围山体景观公园、内部城市公园、社区公园等形成共享、开放、互助的开敞空间体系，形成融于山水的“双十字结构”开放空间体系结构。

最后，从“城镇—公园、社区—广场、居所—客厅”的三级生态开放空间的逐级打造生态开放空间系统，构建“生态理念下的互助交往”公共空间。在不同空间尺度层面创新三大互助式养老概念：即互助型居住单元、互助型社区、互助型宜居城镇。

5.4.2 互助型生态适老宜居城镇的发展策略

以老年人的行为尺度和生理心理需求为核心营建适老、宜人的空间尺度和类型。建设外捷内缓的绿色交通体系，创新城镇空间布局，并在城镇—社区—建筑的三个层面提出落实城镇发展的策略。从而为我国养老事业的发展、提升国家人口安全战略研究提供示范佐证。

以下策略是在互助交往空间模式和城镇空间布局模式创新的基础上做出的延伸，在基础设施布局、产业发展构建、绿色交通系统、社会化养老设施体系、公共服务设施体系、清洁能源体系和智慧小城镇七个方面提出了规划理念与发展策略，以支持生态适老宜居城镇的建设。从而为我国养老事业的发展、提升国家人口安全战略研究提供可供参看的实际范例。

5.4.2.1 策略一：构建完善的生态开放空间系统

（1）构建特色地景风貌系统（图 5–3）

在保护山水林田湖自然本地的基础上开展城市设计，塑造特色城镇景观风貌，形成依托自然山水格局的“井字形”开放空间景观风貌。

主要景观节点围绕老年大学、文化娱乐项目、商业金融设施及城市水体、公园，形成主要景观节点，服务整个镇区。

次要景观节点结合片区级的公共服务中心包括酒店、护理、商业中心、会所，形成次要景观节点，服务各居住片区。

（2）构建开放空间绿地系统（图 5–4）

建设高品质的城市公园绿地系统。实现 3 公里到水边，1 公里到林带，300

图 5–3 北京穆家峪景观风貌系统规划图（图片来源：自绘）图 5–4 北京穆家峪绿地系统规划图（图片来源：自绘）

图 5-5 北京穆家峪海绵城市系统规划图（图片来源：自绘）
（注：图中浅绿色部分为普通绿地，红色部分为雨水花园，黄色部分为雨水铺装，深绿色部分为生态滞留沟，蓝色部分为生态屋顶）

米到公园。街道 100% 林荫化，绿化覆盖率 50% 以上，森林覆盖率 35% 以上。构建城镇公园、社区公园、道路绿地、森林绿地、滨水绿地等要素组成的绿色公共空间系统。

（3）构建可持续的海绵城市系统

建立雨洪安全系统，降低面源污染风险。充分利用自然排水系统，保持开发建设后的水文生态地质条件与开发建设前接近，实现中小雨 90% 自然渗透、自然积存、自然净化。近期可实现和展示的内容包括：通过在图 5-5 中所示区域重点设置雨水花园、透水铺装、生态滞留草沟、生态屋顶来有效控制面源污染。

①雨水花园（图 5-6）

利用自然形成或人工挖掘的浅凹绿地打造雨水花园，通过植物、沙土的综合作用使雨水得到净化，并使之逐渐渗入土壤、涵养地下水，使其补给景观用水、厕所用水等城市用水。雨水花园是一种生态可持续的雨洪控制与雨水利用设施，是雨水湿地在形式上的微型版本。

雨水花园适用于具有一定空间条件的居住区绿地、街头绿地、滨水带等区域；

雨水花园的通用结构：由内而外一般为砾石层、砂层、种植土壤层、覆盖层和蓄水层。同时，设有穿孔管收集雨水，溢流管以排除超过设计蓄水量的积水。

雨水花园可有效消减污染物，并具有一定的径流总量和峰值流量控制效果。

②透水铺装（图 5-7）

透水砖铺装和透水水泥混凝土铺装适用于广场、停车场、人行道等车流量和荷载较小的道路。

按照面层材料，可分为透水砖铺装、透水水泥混凝土铺装、透水沥青混凝土铺装、嵌草砖、碎石铺装等。

透水铺装施工方便，可补充地下水并具有一定的峰值流量削减和雨水净化作用。

③生态滞留草沟（图 5-8）

植草沟指种有植被的地表沟渠，可收集、输送和排放径流雨水，并具有一定的雨水净化作用。

适用于道路、广场和停车场等不透水路面的周边。

保证径流雨水在标准传输型植草沟的水里停留时间为 6 ~ 8 秒，干植草沟的水力停留时间为 24 小时。

④生态屋顶（图 5–9）

生态屋顶不仅适用于屋顶种植，还适用于露台、天台、阳台、墙体、地下车库顶部等区域。

图 5–6　雨水花园（图片来源：上海市园林设计院有限公司 . 石狮市生态湿地公园景观概念规划，2016）

图 5–7　透水铺装（图片来源：上海市园林设计院有限公司 . 石狮市生态湿地公园景观概念规划，2016）

图 5-8 生态滞留草沟（图片来源：上海市园林设计院有限公司.石狮市生态湿地公园景观概念规划，2016）

图 5-9 生态屋顶（图片来源：上海同济城市规划设计研究院.上海临港新城综合区城市设计，2014）

生态屋顶不仅仅是绿地向空中发展，节约土地、开拓城市空间的有效办法，也是建筑艺术与园林艺术的完美结合，在保护城市环境，提高人居质量方面更是起着不可忽视的作用。

生态屋顶可有效消减污染物，并具有一定的径流总量和峰值流量控制效果，通过屋顶雨水的收集进行再利用，缓解小区内景观用水压力，提高水资源的利用率。

5.4.2.2 策略二：形成绿色生态产业布局结构

充分发挥交通优势、区位优势、气候优势、生态资源优势、风景旅游资源优势，依托现有镇区，打造老年宜居核心发展区；依托密云新城，形成产城融合新经济发展区；依托潮河旅游资源，打造休闲度假主题功能发展区；形成“一体两翼”双引擎带动的绿色生态产业布局。

构建衔接密云水库、密云新城、周围群山林地、潮河沿岸景观带、田园景观、金鼎湖风景区的生态廊道，提升生态安全保障，建设生态适老宜居城镇。

充分发挥交通优势、区位优势、生态资源优势以及风景旅游资源优势，依托现有镇区，打造生态适老宜居城镇核心发展区，形成一二三产业联动发展，构建多元化的适老宜居城镇发展的产业体系。

产业布局要与世界先进的发达国家养老住区建设看齐，面向提升国家人口安全战略，围绕老龄社会需求，坚持以人为核心，吸纳和集聚绿色产业，在构建养老社会化体系方面，进行生态老年城镇的实践探索，助力发展养老产业，构建生态适老宜居城镇。选择重点发展产业，建立与城镇功能定位和发展导向相适应的现代城镇产业体系。

5.4.2.3 策略三：构建绿色“外捷、内缓”的交通支撑体系

在满足适老化道路交通设计理念和道路交通指标要求的基础上，打造“外捷、内缓”交通体系。

规划原则：公共绿色交通主导，加快推进绿色交通配套设施建设，倡导绿色低碳出行理念；针对老年人需要，创新规划理念，实施公交慢行引导；提高公交线网密度、公交车站覆盖率和发车频率；乘车环境保证舒适、安全、便捷；结合步行和自行车交通系统设计，实现无障碍设施的系统化规划设计；优化街区路网结构，树立“窄马路，密路网”城市道路布局理念，打造开放型城市街区；宽路稀网（所有道路承担所有功能）转向窄路密网（不同功能不同交通空间分布）。

快捷的外部交通，保障一小时生活圈：通过延伸 S6 线轨道交通和利用京承高速对 101 国道进行分流，打造北京市区到穆家峪的一小时生活圈（图 5-10）。

轨道交通延伸：结合北京市轨道交通规划，拟将 2020 年建成的 S6 号线轻轨由密云站延伸 5.5 公里至檀营站，由檀营站延长 6.0 公里至穆家峪站。

快速交通疏导：通过京承高速 17 ~ 18 出口免费通行的方式，对 G101 国道进行交通流疏导。

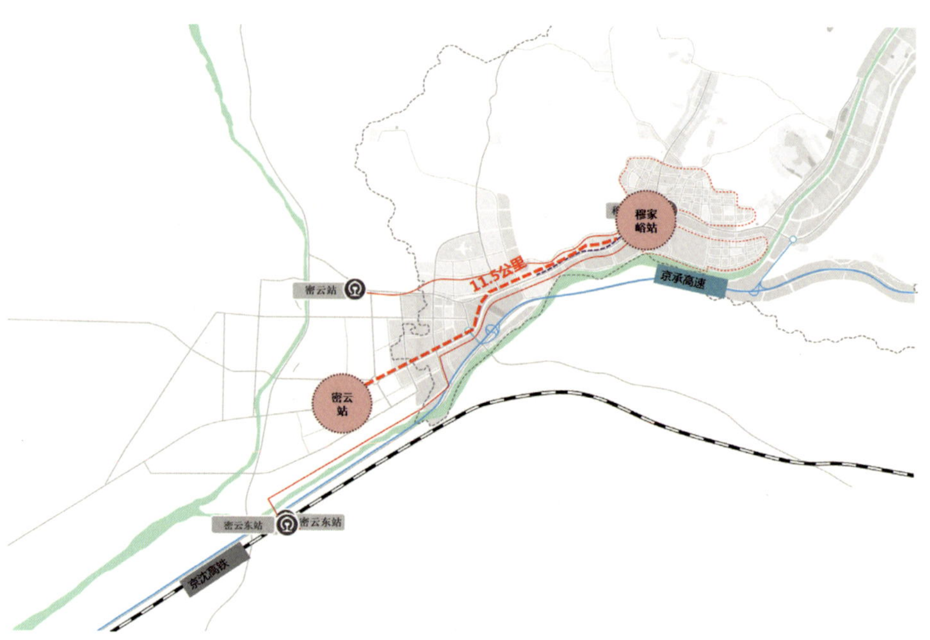

图 5-10　北京穆家峪外部交通示意图（图片来源：自绘）

加强交通管制，营造公共安全的交通环境，交通时速控制在 30 公里 / 时以下，环境噪声标准控制在昼间 55 分贝，夜间 45 分贝以内，营造适老、宜居、宁静、安全的生活环境。在穆家峪镇内，提倡使用新能源汽车。公共交通采用电动公交车，提供共享新能源汽车租赁站和多处充电桩（图 5-11）。

发展慢性交通，全力保障公共交通，优先发展自行车道路和步行道路；设置自行车环道，串联三大功能区；在核心区设置老年健康步道，结合潮河发展滨水休闲旅游，构建多层次慢行系统。

加强“公共交通—自行车—步行”换乘方式衔接，方便老人出行，通过“公共交通—自行车—步行”一体化的绿色交通系统，构建一体化的绿色交通系统，以市民出行舒适、便捷为目标，节约能源，减少污染（图 5-12）。

强调以公共交通为主导，把自行车交通、步行方式纳入交通系统当中。人们在步行距离 <250 米的范围内可搭乘到公交，在公交站附近建立自行车停靠站，提倡步行优先，建设安全的步行环境，合理设计公交路线，增加不同路线的联系，方便不同线路间换乘。

5.4.2.4　策略四：构建分层级的社会化养老服务体系

以老年人的行为尺度为指导，在我国现行医疗体系的基础上，进行丰富和完善，形成二级急救、三级医疗、四级护理体系，从而构建完善的医、护、救、助互为补充的养老服务体系（图 5-13）。

二级急救系统包括 2 个急救中心，8 个急救站。其中急救中心的服务半径

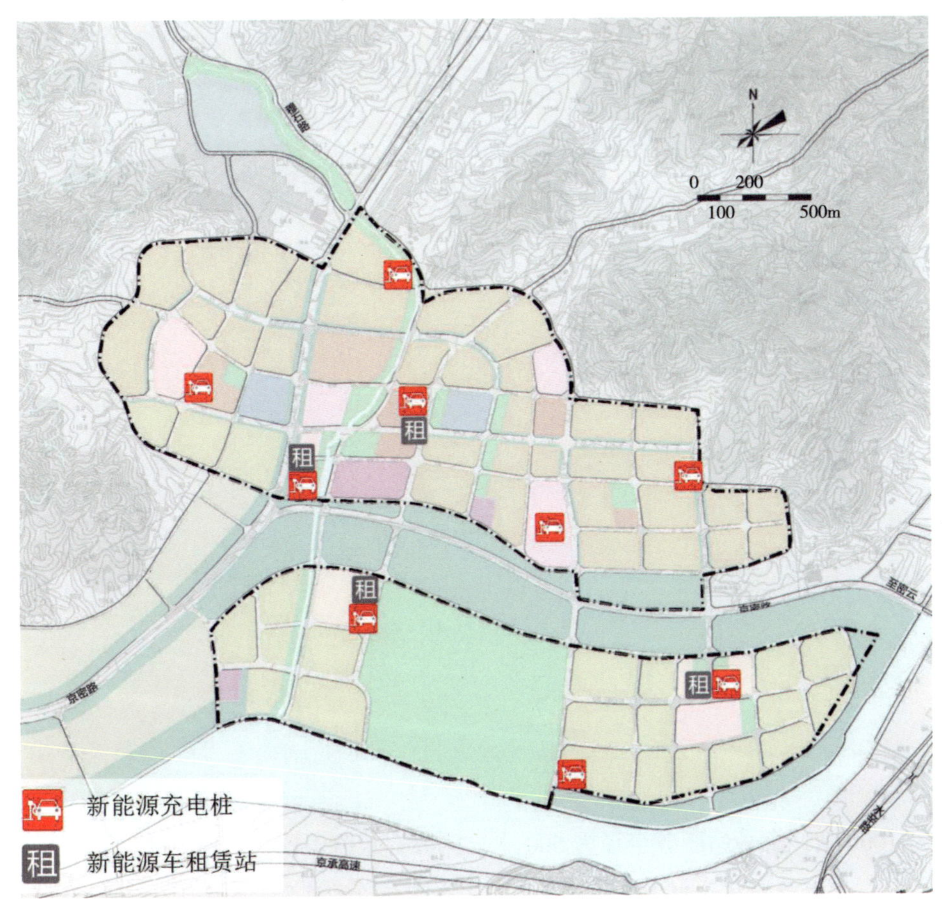

图 5-11　北京穆家峪新能源充电桩和新能源租赁站示意图（图片来源：自绘）

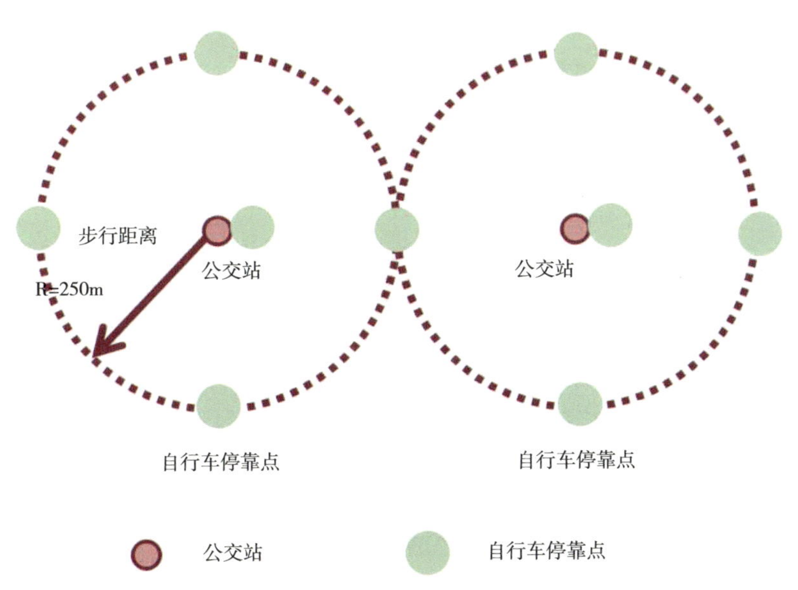

图 5-12　公共交通—自行车—步行换乘衔接方式示意图（图片来源：自绘）

图 5-13　北京穆家峪二级急救、三级医疗、四级护理系统示意图（图片来源：自绘）

为 1000 米，急救站服务半径为 500 米，能够有效覆盖核心规划区域。

三级医疗系统包括 1 个综合医院，1 个老年专科医院，5 个卫生服务中心，多个卫生站。

四级护理系统包括 2 个特殊护理院，2 个护理院，2 个护理中心，多个护理站，其中特殊护理院对高病残痴人员提供特殊照料。

5.4.2.5　策略五：逐级构建城乡全覆盖的适老公共服务设施体系

根据"五分钟"生活圈的概念，结合交通服务、急救医护服务、文化休闲服务。

按照"市级—片区级—街道级（镇级）"逐级打造完善的公共服务设施体系。同时，要与现行居住区规划规范做好衔接，完善组团级、村级老年人设施配建，形成城乡全覆盖的适老公共服务设施体系（图 5-14）。

5.4.2.6　策略六：构建生态循环理念下的清洁能源体系和环卫系统

在镇区、社区、建筑单元三个层面，按照生态系统的物质循环和能量流动的渠道进行三级清洁能源供应体系和循环再利用理念下的环卫系统的构建（图 5-15）。

一级区域能源供应中心和微能源网：利用能源供应中心和微能源网打造清

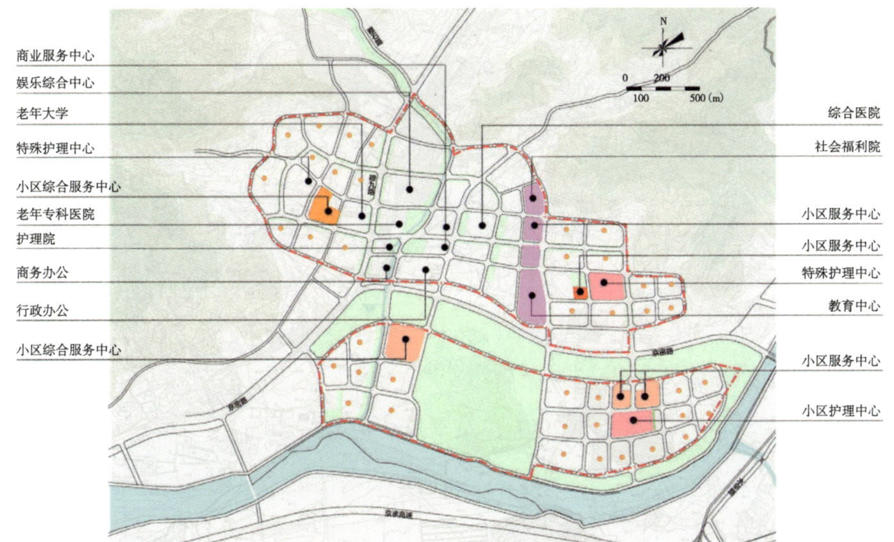

图 5-14 北京穆家峪镇级—社区及—组团级公共设施服务体系示意图（图片来源：自绘）

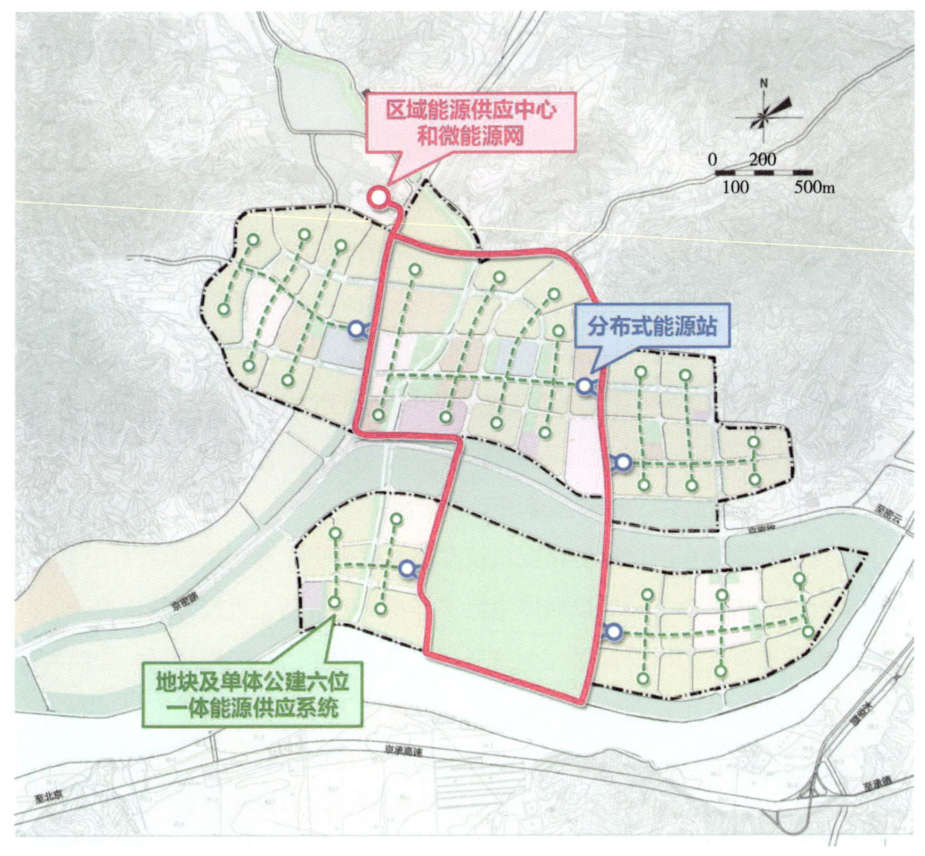

图 5-15 北京穆家峪三级能源体系示意图（图片来源：自绘）

洁能源生产、输配及公共设施利用系统。以燃气为能源，通过对其产生的热水和高温废气的利用，以达到“冷—热—电”的能源供应系统。在项目西侧区域的山脉规划风力发电区，架设风电装置，为项目提供绿色电力供给，并创造标志性的山体景观。在项目西侧缓坡等区域采用“棚顶太阳能发电、棚内发展生态农业”的模式，将光伏产业链与现代农业结合，打造综合性旅游示范基地。

二级分布式能源站：利用街坊组团分布式能源站实现社区多式联供，利用太阳能光热一体化、低温热水发电、储能系统等多重技术为单元小区、商业区等提供蒸汽、热水、制冷、直流电等能源，通过能源梯级利用提高使用效率。由燃气内燃机、溴化锂机组、余热锅炉、地源热泵和储能电池等设备，将风能、光能转化为电能、热能，多余的电量可利用存储系统储存。

三级地块及单体公建六位一体能源供应系统：在能源消费端，调高建设密度，采用节能材料，打造绿色节能建筑群落。综合应用光伏、天然气热电冷联产、风能、低位热能、LED、储能六种能源系统，通过互联网有机结合组成微能源网，满足大中型公建电器、采暖、制冷、热水等各种终端能源需求。采用“六位一体”微能源网技术实现综合供能，具有创能、储能、节能、绿能、微能、多能的突出特点，自供能率超过 50%，整个建筑节能达到 30% 以上。

循环利用理念下的环卫系统主要包括：废弃物处理设施、垃圾运输系统、垃圾分类系统及能源回收系统。

在社区内部通过综合固体废物处理设施可以机械化分离市政固体废物，提取可回收废物，剩余废物（不可回收）送至堆肥处理厂进行堆肥，以产生堆肥副产物，用于垃圾填埋修复和垃圾衍生燃料。剩余产物利用先进的热处理技术（气化和热解）处理垃圾衍生燃料，产生可再生能源，这些能源可以与电网并网，以供给普通用户家庭使用，使生活垃圾无害化达到 90%，生活垃圾回收资源利用 45% 以上，实现原生垃圾零填埋。

策略七：集成创建“智慧生态适老宜居城镇”

智慧生态适老宜居城镇是指在城镇发展的过程中充分利用物联网、互联网、智能分析等技术手段，对城镇居民生活工作相关的活动，进行智慧地感知、分析、集成和应对，为市民提供一个更美好、安全的生活与工作环境，为政府构建一个更高效的城市运营管理环境。

智慧生态适老宜居城镇在建设过程中将以基础设施和社会民生两个重点领域为主体，以经济产业、资源环境、管理机制等三个方面为辅助，联合塑造安全、智能、健康、和谐的生活环境（图 5-16）。

智慧生态适老宜居城镇在基础设施和社会民生领域的应用，为智能监测体系为全镇公共安全提供保障，对全镇居民实时健康监测，打造智慧老年宜居城镇。

5.5 互助型生态适老宜居社区与居住空间

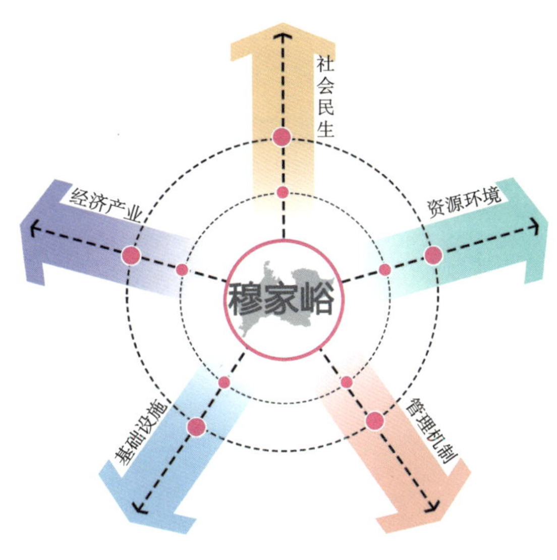

图 5-16 北京穆家峪“智慧老年宜居城镇”五大维度模型示意图（图片来源：自绘）

5.5.1 互助型生态适老宜居社区

在穆家峪互助生态适老宜居社区包括三大发展愿景，打造适合中国老年人的养老生活示范社区；创建低碳环保、健康宜居的绿色智能家园；构建老年人的商业、服务、医疗、教育、居住于一体的综合平台。

互助型生态适老宜居社区规划模式——互助老年社区模式：规划组在对国内外养老社区的考察、调研的基础上提出适合中国国情的创新性互助养老社区模式，规划针对不同年龄阶层的老人提出活力老人居家养老、自理养老、介护养老三种模式，通过延续老年人和整个社会的关系，让社会更加理解老年人的价值与重要性（图 5-17）。

互助型生态适老宜居社区空间结构——圈层式布局：整个社区采用圈层式用地布局模式，形成“一心、一园、一环”的空间结构，规划的核心是考虑的老年人的行动能力，在中心位置布置公共服务、中央公园等老年利用率较高的公共设施，最外围布置老年活力社区（图 5-18）。

一心：公共服务中心为老服务综合中心、老年大学、综合广场；一园：中央公园；一环：老年活力组团、多个养老社区组团。

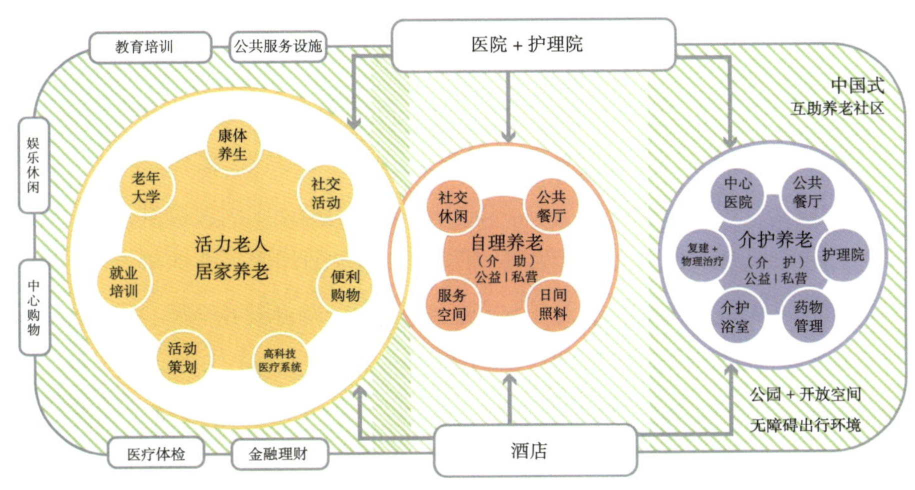

图 5-17 北京密云穆家峪互助老年社区模式示意图（图片来源：自绘）

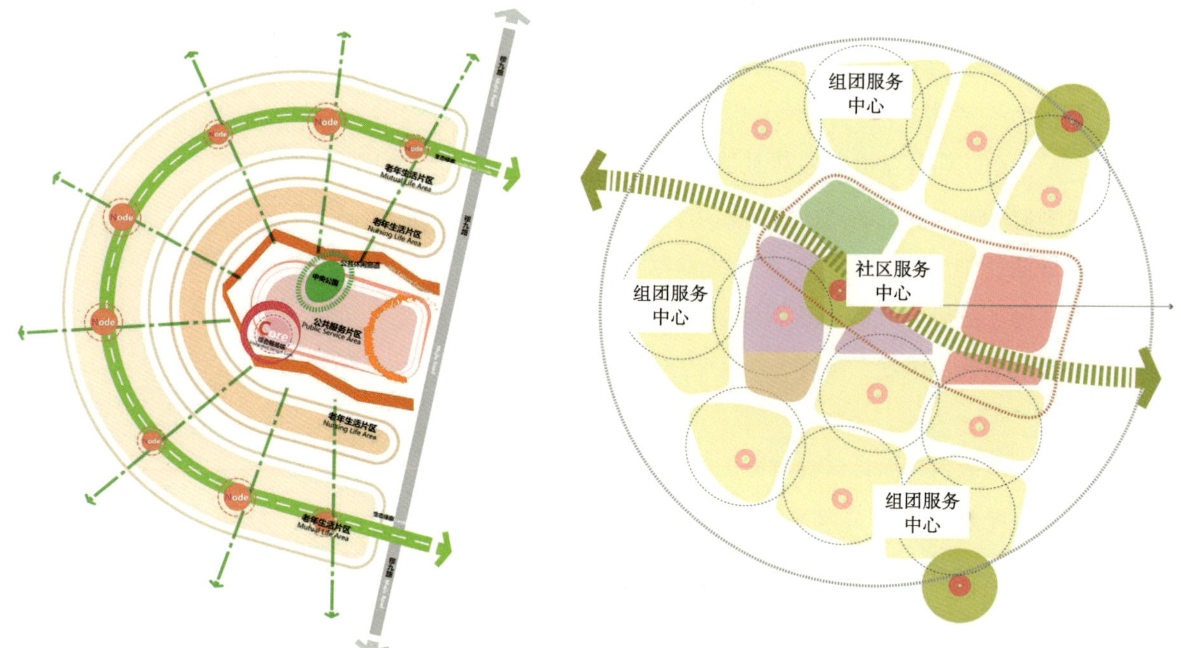

图 5-18　北京密云穆家峪圈层式布局结构分析图（图片来源：自绘）

图 5-19　北京穆家峪两级服务体系示意图（图片来源：自绘）

社区组团建设模式——“组团服务中心 + 风雨走廊 + 老年住宅 + 外围休闲环道”：每个组团的规划设计以为老服务综合体为中心采用多级连廊系统。宅间连廊、公共建筑廊道，确保畅行无阻。连廊将各个住宅单元、为老服务综合体进行连接，为老人创造良好的室外步行条件和休息交流的空间。老年住宅外围设置老年环形步道，为老年人提供活动锻炼的场地，同时兼顾消防车道的功能。整个组团采用全地下停车，在组团的入口处设置地下车库入口，为老年人提供一个安全、舒适的居住环境。

设施分布包括两级服务体系，分别为社区级主题服务中心和组团级特色服务（图 5-19）。

社区级主题服务中心：社区主题服务中心以教育培训、康体医疗及休闲购物三大主题，打造特色服务中心，同时为本地及周边地区居民提供贴心服务。

组团级特色服务：每个居住单元作为一个独立的细胞，合理化安排服务中心及日间照料中心，满足老年人步行距离特殊要求，设置服务半径 150 ~ 200 米；同时结合空间环境特色与开发产品种类，创造主题式组团级服务核心，更有针对性地满足居民不同生活需求。

5.5.2 互助型生态适老宜居空间

5.5.2.1 互助型生态适老宜居空间

互助型生态适老宜居空间的设计倡导“适老、互助、宜居”设计理念，创新性采用互助型居住单元，结合城镇规划布局设置互助型住宅、互助型公寓、互助型护理院等互助型适老宜居单元，满足不同年龄阶层的老人活动能力和需求。互助型居住单元既能满足老年人获得持续照料的需求，又能满足老年人互助交往和个性化需求，在城镇养老服务综合区、社区养老服务中心配置一定比例的互助型护理院、互助型公寓，主要满足介助、介护老人养老需求；社区建筑结合活力养老组团设置一定比例的互助型住宅，主要满足活力老人的养老需求。

（1）互助型住宅

互助型住宅主要接纳活力老人，为其提供一个由社会生活向退休生活过渡的生活场所。这类老人往往身体和精神状况良好，具有旺盛的精力和体力，因此他们注重与同龄人之间的交往——往往是居住在同一社区内的人员一起进行日常社交、活动和出游。

互助型住宅的互助交往空间模块适宜配置公共的客厅、餐厅、厨房、活动室等功能用房；互助型住宅的居住空间模块宜配置 4 ~ 6 个南向、带独立卫生间和独立厨房的居室组成一个互助单元。其中，独立厨房配置小冰箱、炉灶、洗涤池等设施。互助型住宅的护理服务空间模块适宜配置护理室和服务室等功能用房，每个互助单元还配有一个家政服务人员负责老年人的餐饮、购物等一些简单的后勤服务（图 5-20）。

（2）互助型公寓

主要服务对象为活力和介助老人，介助老人在生活精力和活动能力等方面都有所下降，很多老人可能在身体上还会表现为不适。这个时候老年人往往需要更多的交流，排除内心的孤寂。由于此类互助单元对公共空间的要求较高，同时此类互助单元提供的公共服务设施也较为多样，考虑到老年人的行动不便，室内与室外公共空间尽可能采用流线简洁的空间组织模式。

互助型公寓中的互助交往空间模块宜配置公共的客厅、餐厅、厨房、活动室等功能用房，老人们可以在一起用餐、娱乐和交流，更容易营造一种家庭氛围，彼此增进感情。互助型公寓的居住空间模块宜配置 2 ~ 3 组——即 8 ~ 18 个南向、带独立卫生间和独立厨房的居室。其中，老年人居室为南向，北向居室可供年轻人居住。独立厨房配置小冰箱、炉灶、洗涤池等设施。互助型公寓

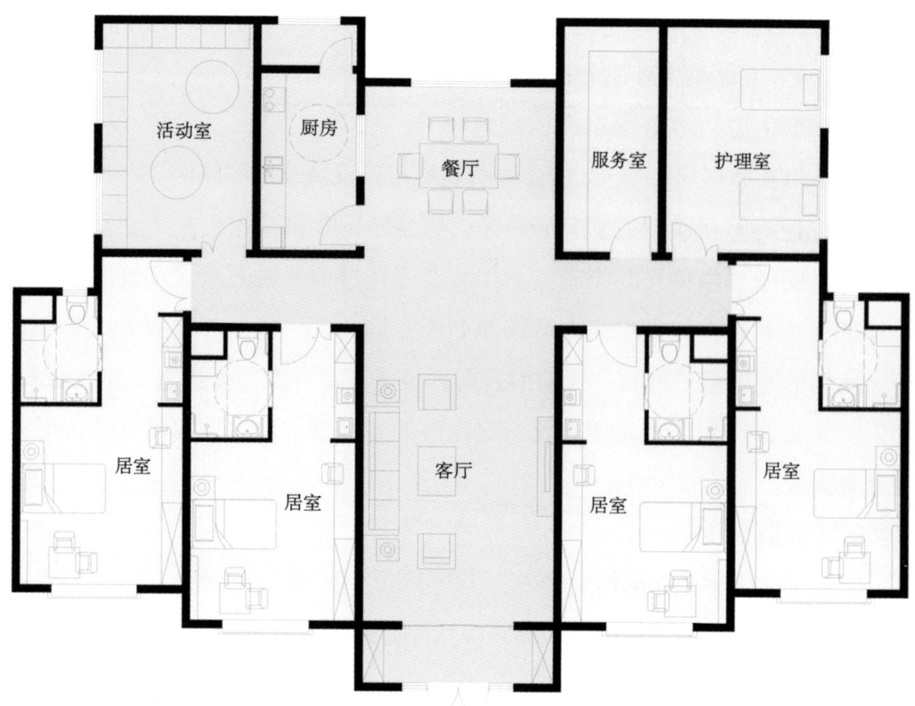

图 5–20　互助型住宅示意图（图片来源：自绘）

图 5–21　互助型公寓示意图（图片来源：自绘）

的护理服务空间模块宜配置包括护理室、服务室等功能用房。（图 5–21）

（3）互助型护理院

护理型互助单元主要服务对象是介助、介护老人，这类老人一般行动不便，不仅要提供一般的公共空间，更要配备精细化的护理与医疗设施，以及服务人员必要的办公空间。互助型护理院的互助交往空间模块包括公共的活动室和庭院。互助型护理院的居住空间模块宜布置 3 组——即 12 ～ 18 个南向、带独立卫生间的居室。互助型护理院的护理服务空间模块包括医疗室、护理室、服务室、助浴间等。（图 5–22）

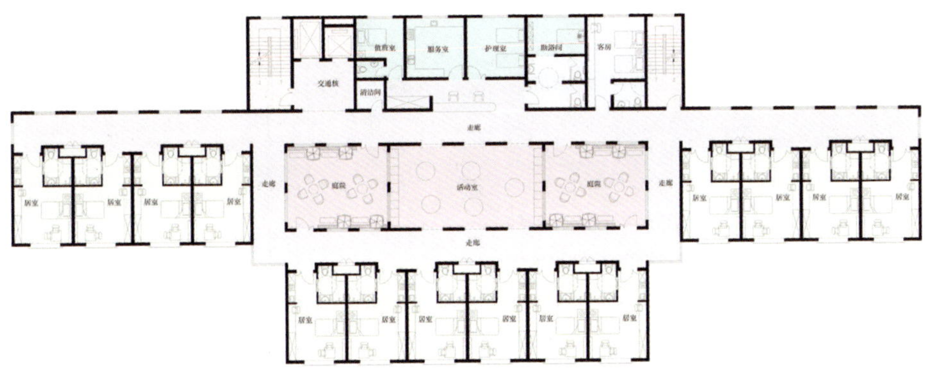

图 5-22　互助型护理院示意图（图片来源：自绘）

5.5.2.2　生态适老宜居空间

生态适老宜居空间是要通过绿植和围绕绿植展开的相关活动，给老年人带来良好的情感体验，给老年人带来幸福感的体验。在建筑中生态适老空间包括垂直庭院和可以作为阳光花室的阳台与客厅。让老人在居住空间中也能亲近自然，把“山水”带进老年人的客厅中。

（1）生态适老空间——垂直庭院

将“绿色生态，环保节能”的理念创造性地应用于建筑中，它每层均设有独立垂直庭院空间，通过采用独具创新的平面、立面布局，带来户户有庭院的创新体验。目前，意大利的米兰市以及我国内多个城市开展了实践，在穆家峪的养老建筑中也进行了相关的尝试（图 5-23）。

每层设有建筑功能空间 + 垂直庭院空间（空中绿色平台）等复合功能空间。垂直庭院：每户垂直庭院的面积 40 ~ 200 平方米之间，全部外挑 2 ~ 10 米（一般外挑 6 米左右），无围护墙、无柱（图 5-24）。

图 5-23　垂直庭院实景图 1（图片来源：新疆天地集团有限公司）

图 5-24　垂直庭院平面效果图（图片来源：新疆天地集团有限公司）

图 5-25　垂直庭院实景图 2（图片来源：新疆天地集团有限公司）

图 5-26　垂直庭院实景图 3（图片来源：新疆天地集团有限公司）

建筑外墙全部实现立体绿化，大大提升建筑空间环境。

垂直庭院可以相互错开或者对应不同方向设置，每户房屋客厅外均设置一座室外私人庭院（图 5-25、图 5-26）。

垂直庭院采用雨水自动收集绿化系统与自动滴灌系统。对水资源进行最大化利用，减少水资源的浪费。

（2）生态适老宜居空间——阳光花室

阳光花室适宜设置在老年人居住空间中类似于阳台或客厅的宽敞区域，是在从事饮茶、会客、休息等休闲娱乐活动空间的基础上，又开辟出来的一片可以让老年人活动身体、陶冶情操的生产与劳动空间。为老年人营造出一种放松、身心愉悦的气氛。不论是与儿孙一起享受天伦之乐，还是与三五老朋友一起饮茶聊天都会给老年人带来生活的小乐趣，给他们留下很好的回忆。

为了能让老年人更好地创建自己的阳光花室，在生态适老空间阳光花室中，配置基于体验设计的思维开发，提升老年人幸福感的“植物工具套装盒”和“创意园艺花盆”产品，共同组成生态适老空间阳光花室的一部分。帮助老年人解决从事园艺活动时会遇到各种问题，改造一些比较常见的园艺工具，加入一定的情感体验元素，融入人文关怀，加入一定的科技元素，让老年人更加愉快地创建自己的“阳光花室”。

（3）植物工具套装盒

植物工具套装盒的外盒上盖采用可降解的木屑板材料，下盒采用可降解的塑料材质（可降解塑料是指在生产过程中加入一定量的添加剂如淀粉、改性淀粉或其他纤维素、光敏剂、生物降解剂等，使其稳定性下降，较容易在自然环境中降解的塑料），这样的材质选择使整个外盒更轻便、环保。整体的配色上采用了天然的木料颜色和白色搭配，显得干净与实用。盒子内部装有专门为老年人设计的一套园艺套装，包括3个不同形状的木铲，一个把手护垫和一个放大镜。老年人可以根据不同需要选择使用。把手护垫是为了让老年人更方便地把握、操作工具，增加老年人使用的舒适度。（图5-27 ~图5-29）

（4）创意园艺花盆

根据我们的观察有些老年人在搬运、移动花盆时会经常摔坏或者碰倒花盆，给老年人造成不良的情绪体验。这个问题的主要原因是老年人在搬运和移动花盆时没有把握的支点造成的；再加上老年人手指的握力随着年龄的增加而减弱，手指的灵活度也下降；所以就很容易在搬运、移动花盆时花盆从

图5-27　植物工具套装盒整体外观效果图
（图片来源：自绘）

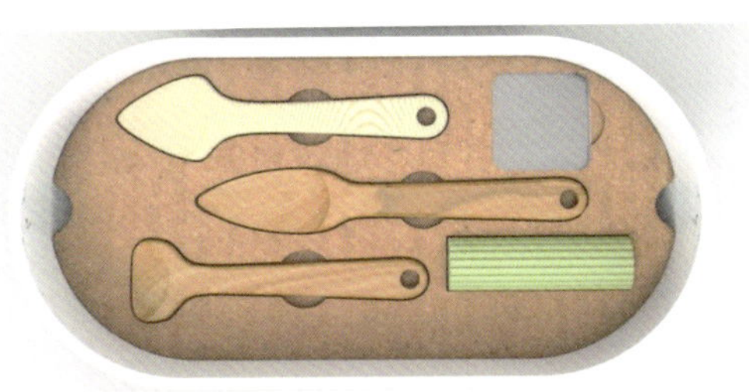

图5-28　植物工具套装盒内部效果图
（图片来源：自绘）

图 5-29　植物工具套装盒使用状态效果图（图片来源：自绘）

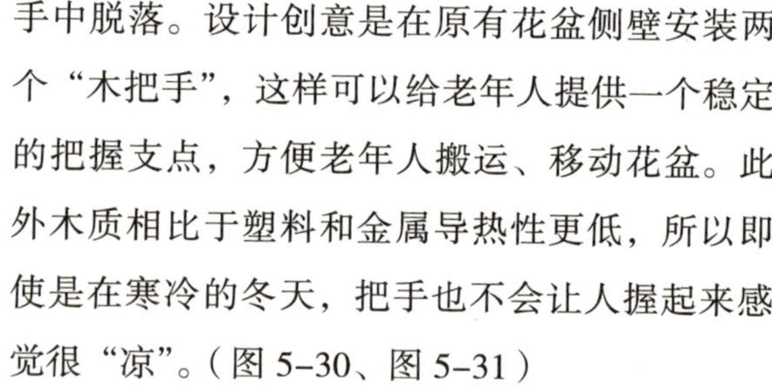

手中脱落。设计创意是在原有花盆侧壁安装两个“木把手”，这样可以给老年人提供一个稳定的把握支点，方便老年人搬运、移动花盆。此外木质相比于塑料和金属导热性更低，所以即使是在寒冷的冬天，把手也不会让人握起来感觉很“凉”。（图 5-30、图 5-31）

图 5-30　创意园艺花盆效果图 1（图片来源：自绘）

图 5-31　创意园艺花盆效果图 2（图片来源：自绘）

参考文献

[1] 伍小兰，曲嘉瑶．中国老年宜居环境建设现状、问题与对策研究 [J]. 老龄科学研究，2016，4（08）：3–12.

[2] 全国老龄工作委员会办公室．关于推进老年宜居环境建设的指导意见 [Z]. 全国老龄办发 [2016]73 号，2016.

[3] 国务院．"十三五"国家老龄事业发展和养老体系建设规划 [Z]. 国务院发 [2017]13 号，2017.

[4] 联合国经济和社会事务部人口司．世界人口展望 [R].2019.

[5] 中国产业信息网 .2017 年世界人口老龄化趋势分析 . [DB/OL].http：//www.chyxx.com/industry/201709/567710.html，2017–09–26.

[6] 联合国经济和社会事务部人口司．人口增长和老龄化及城市化对人类发展构成挑战 [DB/OL].www.un.org/development/desa/zh/news/population/25th–anniversary–of–the–international–conference–on–population–and–development.html，2019–07–17.

[7] 徐晓明．苏州市老年人健康状况及养老模式研究 [D]. 苏州大学，2010.

[8] 原新，刘士杰．1982—2007 年我国人口老龄化原因的人口学因素分解 [J]. 学海，2009（4）.

[9] 国家统计局 .2018 年国民经济和社会发展统计公报 . [DB/OL].http：//www.stats.gov.cn/tjsj/zxfb/201902/t20190228_1651265.html，2019–02–28.

[10] 中国养老金融 50 人论坛．董克用，姚余栋，孙博．中国养老金融发展报告（2016）[M]. 社会科学文献出版社 .2016.

[11] 吴玉韶，党俊武．中国老龄事业发展报告（2013）[M]. 北京：社会科学文献出版社，2013.

[12] 李晓江，尹强，张娟，张永波，桂萍，张峰．《中国城镇化道路、模式与政策》研究报告综述 [J]. 城市规划学刊，2014（02）：1–14.

[13] 张洋．我国社会养老服务体系完善研究 [D]. 东北师范大学，2016.

[14] 国务院办公厅．社会养老服务体系建设规划（2011–2015 年）[Z]. 国务院办公厅．国办发〔2011〕60 号，2011.

[15] 国家发展改革委 .2019 年新型城镇化建设重点任务 [Z]，2019.

[16] 吴良镛 . 人居环境科学导论 [M]. 北京：社会科学文献出版社，2001.

[17] 北京城市总体规划（2004 ~ 2020 年）[J]. 北京规划建设，2006（5）：96-99.

[18] 高峰 . 宜居城市理论与实践研究 [D]. 兰州大学，2006.

[19] 袁锐 . 试论宜居城市的判别标准 [J]. 经济科学，2005（04）：126-128.

[20] 任致远 . 关于宜居城市的拙见 [J]. 城市发展研究，2005（04）：33-36.

[21] 龚茜 . 生产性老龄化视角下探索城市社区养老模式 [J]. 科研：00094-00094.

[22] 党俊武，周燕珉 . 中国老年宜居环境发展报告（2015）[M]. 北京：社会科学文献出版社，2016.

[23] 杨亚茹 . 养老应关注全龄化社区 [N]. 中国建设报，2014-02-26（001）.

[24] Jan Gudmand-Høyer. "Ikke kun huse for folk – ogsa huse af folk".Information.1984(4).

[25] 熊颖 . 基于 Cohousing 理念下的老年居住社区研究 [D]. 湖北工业大学，2016.

[26] Neshama A，Kate D. Elder cohousing—an idea whose time has come? [M].Communities，2006：60-69.

[27] 乌丹星 . 老年产业概论 [M]. 北京：中国纺织出版社，2015.

[28] 赵立新. 社区服务型居家养老的社会支持系统研究［J］. 人口学刊，2009（6）：41-45.

[29] 发展改革委员会 . 加大力度推动社会领域公共服务补短板强弱项提质量 促进形成强大国内市场的行动方案发改社会［Z］.〔2019〕0160 号，2019.

[30] 国务院 . 国务院关于加快发展养老服务业的若干意见［Z］. 国发〔2013〕35 号，2013.

[31] 国务院办公厅 . 国务院办公厅关于进一步扩大旅游文化体育健康养老教育培训等领域消费的意见［Z］. 国办发〔2016〕85 号，2016.

[32] 国家发展改革委办公厅 . 养老产业专项债券发行指引［Z］. 发改办财金〔2015〕817 号，2015.

[33] 财政部 . 关于 2016 年中央和地方预算执行情况与 2017 年中央和地方预算草案的报告，2017，3 月 5 日在第十二届全国人民代表大会第五次会议上 [J]. 中国财政，2017（8）：4-13.

[34] 李斌 . 中国养老设施的发展现状、问题及对策 [J]. 时代建筑，2012（6）：10-14.

[35] 于一凡，贾淑颖 . 居家养老条件下的居住空间基础研究——以上海为例 [J]. 上海城市规划，2015（2）：96-100.

[36] 权莹，金东来 . 适老性城市空间设计初探 [J]. 安徽农业科学，2015（9）：206-

207，357.

[37] 老年宜居城镇投资与发展研究 [R]. 北京：中国投资协会，2015.

[38] 人民网 . 滴滴发布老年人出行习惯调查报告：近两成老人遇出行难时放弃出门 . [DB/OL]. http：//it.people.com.cn/n1/2016/0310/c243510-28189227.html.

[39] 夏晓敬 . 老年人出行行为研究 [D]. 2015.

[40] 张丹 . 老龄化社会下的慢城式养老社区研究 [J]. 山西建筑，2014，40（9）：1-2.

[41] 李乃慧，王磊，范苑 . 养老社区规划研究 [J]. 建筑师，2013（5）.

[42] 陈小卉，邵玉宁 . 发达地区养老服务设施规划的探索——以昆山为例 [J]. 现代城镇研究，2012（8）：13-20.

[43] GB 50763—2012，无障碍设计规范 [S]. 北京：中国建筑工业出版社，2012.

[44] GB 50688—2011. 城镇道路交通设施设计规范 [S]. 北京：中国计划出版社，2011.

[45] GB 50220—95. 城镇道路交通规划设计规范 [S]. 北京：中国计划出版社，1995.

[46] JGJ 450—2018，老年人照料设施建筑设计标准 [S]. 北京：中国建筑工业出版社，2018.

[47] 新华网 . 三问中国养老“9073”格局“及人之老”如何实现？ [DB/OL].http：//www.xinhuanet.com//2017-01/05/c_1120252447.htm.

[48] 孙鹃娟，沈定 . 中国老年人口的养老意愿及其城乡差异——基于中国老年社会追踪调查数据的分析 [J]. 人口与经济，2017（2）：11-20.

[49] 黄诚 . 候鸟老人养老服务需求特征研究——基于对海南三亚的问卷调查分析 [J]. 中国市场，2015（21）：99-101.

[50] 符天俊 . 多要素融合发展，构建产业竞争力——海南省“候鸟型”养生养老产业项目建设的思考 [J]. 中国工程咨询，2017（8）：44-45.

[51] 符敏 . 国外养老模式研究 [J]. 魅力中国，2013，（19）.

[52] 上海市老龄工作委员会 . 上海市老年友好城镇建设导则 [Z]. 沪老龄办发〔2013〕19 号 .

[53] GB50437-2007，城镇老年人设施规划规范 [S]. 北京：中国计划出版社，2008.

[54] 李慧 . 互助型老年宜居城镇规划研究 [M]. 北京：中国建筑工业出版社，2017.

[55] 何凌华，魏钢 . 既有社区室外环境适老化改造的问题与对策 [J]. 规划师，2015（11）：23-28.

[56] 张引 . 农村老年人的生产性老龄化研究——以 A 村为例 [D]. 山东大学，2010.

[57] 人民网 . 民政部发布 2012 年社会服务发展统计公报（全文）. [DB/OL].http：//politics.people.com.cn/n/2013/0619/c1001-21892537.html.

[58] 中华人民共和国司法部.中华人民共和国老年人权益保障法.[DB/OL].http://www.moj.gov.cn/Department/content/2019-01/17/592_227062.html.

[59] 姚远，范西莹.从尊老养老文化内涵的变化看我国调整制定老龄政策基本原则的必要性〔J〕.人口与发展，2009；15（2）：81-6.

[60] 建设部.宜居城市科学评价指标体系.[EB/OL].http://www.chinanews.com/gn/news/2007/05-30/947022.shtml.

[61] J177-2016，急救中心建设标准[S].北京：中国计划出版社，2016.

[62] 住房城乡建设部关于印发中国人居环境奖评价指标体系和中国人居环境范例奖评选主题的通知[EB/OL].http://www.mohurd.gov.cn/wjfb/201605/t20160530_227652.html.

[63] 国务院.全国爱卫会关于印发国家卫生城市标准（2014版）的通知.[EB/OL].http://www.hsjgw.gov.cn/View/2015/11/09/19367.html，2014-05-15.

[64] GB 50180—2018，城市居住区规划设计标准[S].北京：中国建筑工业出版社，2019.

[65] GB 50437—2007，城镇老年人设施规划规范[S].北京：中国计划出版社，2018.

[66] 中华人民共和国住房和城乡建设部办公厅.住房城乡建设部办公厅关于国家标准《城市绿地规划标准》公开征求意见的通知.[EB/OL].http://www.mohurd.gov.cn/zqyj/201805/t20180522_236165.html，2018-05-21.

[67] 中华人民共和国住房和城乡建设部办公厅.住房城乡建设部办公厅关于国家标准《城乡用地分类与规划建设用地标准GB50137（修订）（征求意见稿）》公开征求意见的通知.[EB/OL].http://www.mohurd.gov.cn/zqyj/201805/t20180522_236162.html，2018-05-21.

[68] 陈小卉，邵玉宁.发达地区养老服务设施规划的探索——以昆山为例[J].现代城市研究，2012（8）：13-20.

[69] 何凌华,魏钢.既有社区室外环境适老化改造的问题与对策[J].规划师,2015（11）：23-28.

[70] 唐洁，康璇，陈睿，等.综合型养老社区功能空间模式及指标体系研究[J].城市规划学刊，2015（2）.

[71] 于一凡，贾淑颖.终生社区，终生住宅——英国城市的适老化建设路径[J].上海城市管理，2017，26（5）：40-44.

[72] 国家卫生计生委关于印发医疗机构设置规划指导原则（2016-2020）的通知[EB/OL].

[73] 陈军 . 居家养老：城镇养老模式的选择社会 [J]，社会，2009.

[74] 高辉，相亚成 . 基于美国 CCRC 的我国养老房产开发研究 [J]. 现代物业（上旬刊），2014，13（6）：117–119.

[75] 胡庭浩，沈山，常江 . 国外老年友好型城镇建设实践——以美国纽约市和加拿大伦敦市为例 [J]. 国际城镇规划，2016，31（4）：127–130.

[76] DB31/T1023–2016 老年宜居社区建设细则 . 上海市政府，2017.

[77] 于一凡 . 老年宜居环境的规划与设计要求 [J]. 建设科技，2017（7）：27–29.

[78] 陶澈 . 我国城镇混合老年社区规划研究 [D]. 华南理工大学，2012.

[79] 万邦伟 . 老年人行为活动特征之研究 [J]. 新建筑，1994，（4）.

[80] 于一凡，田菲，贾淑颖 . 上海市社区居家养老服务设施体系研究 [J]. 建筑学报，2016（10）：93–97.

[81] 夏辛萍 . 积极老龄化视野下敬老文化的传承与创新及老年人参与志愿者活动的问题与对策 [J]. 中国老年学杂志，2016（23）.

[82] 吴香雪，杨宜勇 . 社区互助养老：功能定位、模式分类与机制推进 [J]. 青海社会科学，2016（6）：104–111.

[83] 林贤志，李俊 . 老年互助会是农村“老有所养”的一种好形式 [J]. 中国老年学杂志，1992.

[84] 郭小玉 . 家庭与集体供养相结合的农村养老保障模式探讨——基于河北周家庄的个案研究 [J]. 致富时代（下半月），2010（8）.

[85] 张晓峰 . 力推互助走人幸福院建设提升农村养老服务水平——解析《甘肃省民政厅关于建设农村互助老人幸福院的意见》[J]. 社会福利，2012（9）：14–15.

[86] 张思思 . 湖北省枝江市：农村互助养老服务试点工作取得初步成效 [J]. 社会福利，2012（7）.

[87] 赵志强 . 河北农村互助养老模式分析 [J]. 合作经济与科技，2012（10）：68–69.

[88] 贺丹，徐雷 . 论适应性设计在合租互助养老住宅中的运用 [J]. 大众文艺，2010（8）：152–152.

[89] 陈竞 . 邻里互助网络与当代日本社会的养老关怀 [J]. 中南民族大学学报（人文社会科学版），2008，28（3）.

[90] 王璐，刘博 . 农村“邻里互助”养老模式的思考与建议———以陕西省榆林市清涧县为例 [J]. 当代教育理论与实践，2012（7）.

[91] 吕叶晨 . 农村空巢老人养老保障现状及改进对策 [J]. 经济研究导刊，2017（30）：45–47.

[92] 刘林，智东 .“老年互助”式居家养老 [J]. 社区，2009（4）：26–26.

[93] 赫景秀 . 美国“结伴养老”一举三得 [J]. 社区，2011（11）：60.

[94] 关于印发《上海市老年友好城市建设导则（试行）》的通知 [EB/OL].http：//mzj.sh.gov.cn/gb/shmzj/node8/node194/u1ai36526.html.

[95] 陈小卉，邵玉宁 . 发达地区养老服务设施规划的探索——以昆山为例 [J]. 现代城市研究，2012（8）：13–20.

[96] 何凌华，魏钢 . 既有社区室外环境适老化改造的问题与对策 [J]. 规划师，2015（11）：23–28.

[97] 2013 第五次国家卫生服务调查分析报告 [EB/OL]. http：//www.nhfpc.gov.cn/mohwsbwstjxxzx/s8211/201610/9f109ff40e9346fca76dd82cecf419ce.shtml.

[98] 陈如 . 发展老年住宅的若干思考 [C]. 江苏老龄问题研究论文选集 . 2010.

[99] 周燕珉，王富青 .“居家养老为主”模式下的老年住宅设计 [J]. 现代城市研究，2011（10）.

[100] 郭平，陈刚 . 2006 年中国城乡老年人口状况追踪调查数据分析 [M]. 北京：中国社会出版社 .2009.

[101] 陈炳志 . 城市老年人居住环境研究 [D]. 天津大学，2006.

[102] 于一凡，陈金平 . 上海既有住宅区适老化改造意愿和需求分析 [J]. 上海城市规划，2014（5）.

[103] 清议 . 更加积极应对人口老龄化 [J]. 中国人力资源社会保障，2018，106（12）：53.